부모가 멈추면 아이는 살아난다

부모가
자녀를
망치는 짓거리

부모가 자녀를 망치는 짓거리

부모가 멈추면 아이는 살아난다

초판 1쇄 인쇄 | 2025년 12월 30일
초판 1쇄 발행 | 2026년 01월 09일

지은이 | 김정연
펴낸이 | 최화숙
편집인 | 유창언
펴낸곳 | **아마존북스**

등록번호 | 제1994-000059호
출판등록 | 1994. 06. 09

주소 | 서울시 성미산로2길 33(서교동), 202호
전화 | 02)335-7353~4
팩스 | 02)325-4305
이메일 | pub95@hanmail.net|pub95@naver.com

ⓒ 김정연 2026
ISBN 978-89-5775-342-2 03590
값 18,000원

부모가 멈추면 아이는 살아난다

부모가
자녀를
망치는 짓거리

김정연 지음

아마존북스

미련한 자를 통해 일해주신 하나님께.

부족하고 병든 아내를 위해 지원과 기도를

아끼지 않았던 나의 남편에게.

서툰 엄마를 참아주고 기다려준 사랑하는 딸에게.

깊고, 끝없는 감사를 드립니다.

프롤로그

아이를 살리는 부모, 무너뜨리는 사랑

"나는 아이를 사랑한다."

부모라면 누구나 그렇게 말한다.

"나는 아이를 위해 희생한다, 아이를 위해서라면 뭐든 한다."

그 마음은 분명 진실이다. 그러나 때때로 그 사랑은 아이를 세워주지 못하고, 오히려 무너뜨리는 방식으로 흘러가기도 한다. 부모는 아이를 위한다며 끝없는 잔소리와 지시를 반복하고, 성적에 목숨을 걸며, 남들과 비교하고, 자신이 못다 이룬 꿈을 아이의 어깨에 얹는다. 그러면서도 정작 아이의 마음속이 어떻게 무너져 가는지는 보지 못한다. 아이의 내면은 고통으로 울부짖는데, 부모는 여전히 "나는 너를 위해 희생했다"는 말로 자신을 위로한다.

나는 오랫동안 진로와 진학 상담 현장에서 수많은 아이와 부모를 만났다. 그곳에서 나는 아이들의 울음과 부모들의 고백을 함께 들었다. 부모의 한마디가 아이의 미래를 지탱할 수도, 송두리째 흔들 수도 있다는 사실을 똑똑히 보았다. 그러나 상처투성이인 아이를 앞에 두고도, 부모는 이미 달려온 길을 버리지 못한 채 같은 실수를 반복하곤 했다. 나는 그때마다 처절한 안타까움 속에, '부모가 절대로 하지 말아야 할 일'을 언젠가 꼭 책으로 전해야겠다고 다짐했다.

　그러던 어느 날, 내 눈은 상담실을 넘어 기업 현장으로 향했다. 역량 모델링 전문가로서, 여러 조직의 교육 프로젝트를 진행하면서, 나는 또 다른 장면을 목격했다. 한때 부모의 말과 태도에 억눌리며 자라던 아이들이 이제는 성인이 되어 회의실과 사무실에 앉아 있었다. 하지만 그들 안의 상처는 여전히 현재진행형이었다.

　자율성을 빼앗긴 채 자란 아이는 직장에서 스스로 결정하지 못하고 늘 지시만 기다렸다. 감정을 억눌리며 자란 아이는 동료와 갈등이 생기면 회피하거나 무너져 버렸다. 성적만을 좇으며 살아온 아이는 협력보다 경쟁에 매달렸고, 인정받기 위해 몸부림치며 결국 관계를 소진시켰다. 상담실에서 보았던 그 그림자가, 회사의 회의실과 팀 회의 자리에도 그대로 드리워져 있었다.

　그때 나는 더욱 확신했다. 부모의 잘못된 말과 행동은 가정 안에서 끝나지 않는다. 그것은 아이의 성격과 습관, 사고방식을 바구고, 결국 사회와 조직 전체로 흘러가 또 다른 문제를 낳는다. 부모의 한마디가 아이의 삶을 지탱할 수도, 무너뜨릴 수도 있다는 진실은, 결코 과장이 아니었다.

이 책은 부모를 비난하려는 책이 아니다. 오히려 아이를 정말 살리고 싶은 부모에게 드리는 작은 안내서다. 나를 포함해 먼저 부모의 길을 걸어간 많은 이들이 겪은 실패와 눈물에서 얻은 교훈을 담았다. 그러니 이 책을 야단으로 듣지 말고, 실패를 먼저 경험한 선배의 조언으로 받아들이길 바란다.

지금 멈추어야 한다.

현재 혹은 미래에 켜질 빨간 불 앞에서, 부모가 냉정히 자신을 돌아볼 때, 아이는 더 이상 무너지지 않는다. 그 멈춤이 아이의 행복한 삶을 여는 첫출발이다.

차 례

Chapter 3

오해로 키우는 중입니다

Chapter 4

절대 권력자의 거부할 수 없는 명령

Chapter 5
이렇게 키우면 확실히 망합니다

Chapter 6
부모가 꾸민 입시 인생, 대학에서 무너진다

자녀의 삶을
망치는
좋은 부모 코스프레

우리 아이는
착하니까 잘 될 거야

가람이는 진학 컨설팅을 받기 위해 엄마 손에 이끌려 왔다. 고개를 푹 숙인 채 앞머리로 얼굴을 가리고 있었다. 엄마가 "인사해"라고 재촉하자, 가람이는 작은 목소리로 겨우 인사를 건넸다. 엄마는 그 모습에 만족하지 못하고 아이를 툭툭 치며 "더 크게! 인사 똑바로 해"라고 말했다. 그리고 주변 사람들에게 미소를 지으며 덧붙였다.

"애가 낯을 많이 가려서 그래요."

하지만 이 상황은 단순한 낯가림이 아니었다. 아이는 엄마의 통제 아래 있었고, 그 통제를 자연스럽게 받아들이고 있었다.

엄마는 강단 있는 사람이었다. 질문 하나에도 주저 없이 자신

의 생각을 또박또박 말했다. 그런 엄마에게 가람이의 장점을 물었
다.

"가람이의 장점은 뭐라고 생각하세요?"

엄마는 자신 있게 대답을 시작했지만, 이내 말끝이 흐려졌다.

"얘는 착해요. 아주 착한 아이에요. 그래서 그대로 둬도 잘할
것 같긴 한데…."

'착하다'는 말은 따뜻하게 들리지만, 아이를 설명하기엔 너무
막연했다. 아이가 무엇을 좋아하는지, 어떤 순간에 빛나는지를 물
어봐도 부모의 대답은 흐릿했다. 단지 문제를 일으키지 않고 조용
히 지내는 아이, 무난한 아이로 설명되었다.

부모들은 자녀에 대해 잘 모를 때 습관처럼 "저희 아이는 착해요"라고 말한다. 이 말 속에는 부모의 불안, 체념, 기대 이하의 현실이 숨어 있다. 착하다는 말은 종종 모든 것을 덮어 버리는 말이 되고, 아이의 실제 모습을 제대로 표현하지 못한다.

부모들이 말하는 착한 아이는 주로 타인에게 양보하고, 시키는 일을 묵묵히 따르는 아이를 뜻한다. 하지만 그 행동이 자발적이었는지, 억지였는지, 눈치를 본 것인지에 대해서는 관심이 없다. 결국 겉모습만 보고 착하다고 평가한다.

문제는 '부모에게 반항하지 않는 태도'가 착하다는 기준이 된다는 점이다. 숙제를 하라고 하면 묵묵히 하고, 감정을 크게 드러내지 않는 아이를 우리는 쉽게 '착한 아이'라고 부른다.

하지만 착하다는 말 앞에는 자주 "하지만"이 붙는다. "공부는 못하지만 착해요.", "성실하진 않지만 착한 아이예요"처럼 말이다. 이 말들은 칭찬이 아니라 부족함을 가려 주는 방패가 된다.

착하다는 말이 아이의 전부가 되어서는 안 된다. 물론 착한 성격이 모든 상황에서 약점이 되는 것은 아니다. 착함은 특정 환경에서는 경쟁력이 될 수 있다. 예를 들어, 타고난 착한 성격 덕분에 글로벌 파트너와 신뢰를 빠르게 쌓고 성과를 내는 경우도 있다.

그러나 문제가 되는 것은 '성과 없이 착하기만 한 경우'다. 이런 아이는 자기 일조차 제대로 챙기지 못하고 중요한 기회를 놓치거나 성과를 빼앗기기도 한다. 그럼에도 부모는 "그래도 넌 착하잖아"라고 위로하고, 아이는 "나는 착하니까 괜찮아"라는 생각에 빠져 자기주장과 노력을 멈추고, 타인의 기대에만 맞추게 된다.

겉으로는 문제가 없어 보여도, 아이는 스스로를 삭게 만들며 세상에 목소리를 내지 못하는 사람으로 성장할 가능성이 높다. 결국 언젠가 이렇게 되묻는다.

"엄마 아빠, 착하게만 살면 된다며… 그런데 왜 나는 이 모양이야?"

착한 아이가 잘 살기를 바란다면, 부모는 아이의 '착함'이 역량으로 전환되도록 방향을 잡아줘야 한다. 착함이 협업과 도전을 이끌고, 함께 일하고 싶은 사람으로 평가받을 때 비로소 아이의 미래를 위한 강력한 자산이 된다.

"엄마가 다 해줄게"의
비극

호진이는 고등학교 2학년이다. 진학 상담을 받기 위해 엄마와 함께 나를 찾아왔지만, 상담 내내 단 한마디도 하지 않았다. 질문을 받을 때마다 엄마 얼굴부터 쳐다보고, 대부분의 답변은 엄마가 대신했다.

"호진이는 수학을 어려워해요. 이해력이 조금 느려서요."

"얘가 말이 없지, 안 듣는 건 아니에요."

"아이와 만나는 동안 저와 이야기하시면 돼요."

호진이는 자기 일인데도 자신의 말로 설명하지 못했다. 마치 모든 권한이 엄마에게 있는 사람처럼 행동했다. 상담이 끝난 후 내가 조용히 물었다.

"혹시 하루 일과를 스스로 계획해 본 적 있어요?"

호진이는 짧게 대답했다.

"해도 엄마가 다시 바꾸세요. 그냥 하라는 대로 해요."

내가 본 호진이는 게으르거나 무책임한 아이가 아니있다. 단지 자기 삶을 스스로 운영해 본 경험이 없는 아이였다. 무언가를 결정할 때마다 엄마가 앞서고, 문제가 발생하면 부모가 처리해 줬다. 그렇게 삶의 주도권은 어릴 때부터 자연스레 부모에게 넘어갔다.

그래서 어떤 일이 눈앞에 떨어져도, 그 일이 자신의 몫이라는 감각조차 없다. 책상이 엉망이어도, 발표 준비가 밀려 있어도, "누군가 해주겠지"라는 기대 속에서 노력은 멈춘다. 이 태도는 시간이 지나도 쉽게 바뀌지 않는다. 문제는, 어른이 된 이후에는 아무도 대신해 주지 않는다는 사실이다. 결국 그는 스스로 일하지 못하고, 판단하지 못하고, 책임지지 않는 어른이 된다. 그리고 사회는 그런 사람에게 '일 못하는 사람', '함께하기 부담스러운 사람'이라는 평가를 내린다.

어른이 되어서도 일 못하는 사람으로 낙인 찍히는 이유는 뭘까?

첫째, '내 일'이라는 감각이 없다.

자신의 일을 스스로 관리해 본 경험이 없는 아이는 사회에 나가서도 업무에 책임감을 갖지 못한다. 지시가 없으면 움직이지 않고, 문제가 생기면 "몰랐어요", "제가 하는 줄 몰랐어요"라고 말한다. 결국 동료의 부담이 되고, 팀 전체의 흐름을 느리게 만든다. 그러다 보면 자연스럽게 중요한 일에서는 배제되고, '자기 일도 남 일처럼 하는 사람'이라는 꼬리표를 달게 된다.

둘째, 자신이 뭘 잘하는지 모른다.

부모가 모든 선택을 대신해 준 아이는 자신의 흥미나 재능을 알아차릴 기회를 잃는다. 스스로 도전해 보고, 실패도 겪으며 무엇이 맞는지 감각적으로 익히는 과정 없이 자라기 때문이다. 그래서 사회에 나가서도 "당신의 강점은 무엇인가요?"라는 질문에 자신 있게 답하지 못한다. 뚜렷한 역할이 없고, 특색이 없으니 조직 안에서는 쉽게 대체 가능한 사람으로 분류된다.

셋째, 자신감이 없고, 실수를 두려워한다.

늘 부모가 먼저 개입해 실수를 막아줬다면, 실패에 대한 경험도, 그것을 극복한 기억도 없다. 이런 아이는 실수를 겪는 대신, 실수를 피하는 사람이 된다. 사회에 나가면 모든 일이 처음이고, 새로운 상황에서 스스로 판단해야 하는데 그게 익숙하지 않으니 불안감이 앞선다. 작은 일 앞에서도 "이거 제가 해도 되나요?", "혹시 틀리면 어떡하죠?" 같은 말이 먼저 튀어나온다. 이런 태도는 결국 도전하지 않는 사람, 안정적이지만 성장하지 않는 사람으로 보이게 한다.

넷째, 자기주도적 삶을 살아가지 못한다.

부모의 과잉 개입은 아이가 삶을 스스로 조직하고 운영할 기회를 빼앗는다. 일정 관리, 계획 수립, 자기 개발 등 스스로 결정해 본 경험이 거의 없는 상태로 굳어지고, 대학에 가서도 이러한 습관은 그대로 드러난다. 수강 신청, 과제 마감, 활동 지원. 무엇을 언제 어떻게 시작해야 할지 스스로 결정하지 못하고, 매사에 전화를 걸어 "엄마, 이건 어떻게 해?"라는 말부터 꺼낸다. 결국 어른이 되어서도 늘 누군가 옆에 있어야만 겨우 움직이는 사람이 된다. 사회는 이런 사람을 '혼자 두면 아무것도 못하는 어른'이라고 손가락질한다.

이제라도 손을 떼야 한다.

부모는 아이가 고생하지 않기를 바란다. 실패하거나 실망하지 않도록 도와주고 싶다. 그래서 먼저 손이 나가 옷을 챙기고, 숙제를 점검하며, 시간표를 짜준다. 그러나 그렇게 계속 손을 내밀다 보면, 어느새 아이의 인생을 부모가 대신 살게 된다. 아이의 손에 있어야 할 책임과 선택의 기회, 그 안에서 자라야 할 주도성과 자신감은 부모의 손안에서 멈춰 버린다.

아이가 지금 어떤 일을 못하고 있다면, 그것은 '능력이 없어서'가 아니라 단지 한 번도 해볼 기회를 갖지 못했기 때문일 수 있다.

느려도 괜찮다. 엉성해도 괜찮다. 실수해도, 그 안에서 반드시 배운다. 그 배움이 쌓여야 아이는 자기 인생의 방향을 스스로 정할 수 있다.

"네가 하면 오래 걸리니까 엄마가 할게."

"이건 너한텐 어려워."

"그냥 내가 처리할게."

이 말들이 반복될수록, 아이에게 주어져야 할 삶의 주도권은 조금씩 사라져 간다.

이제는 이렇게 말해야 할 때다.

"이건 네 일이야. 네가 해봐야 해."

"시간이 걸려도 괜찮아. 엄마는 기다릴 수 있어."

"실수해도 돼. 그게 네가 배우는 과정이야."

지금 당장은 아이가 서툴고, 불편해하고, 실수할 수 있다. 하지만 그 과정을 겪지 않으면, 앞으로는 인생 전체가 서툴고, 늘 누군가에게 의존하게 된다.

아이의 미래를 위해 지금 부모가 해야 할 단 한 가지는 분명하다. 도와주는 척하면서 아이의 인생을 대신 살아주는 일을, 지금 이 순간 멈추는 것이다.

지시 대기 중입니다.
우리 아이는

"우리 진희는 선생님 말씀도 잘 듣고, 학원에서도 시키는 건다 해요."

많은 부모들이 이 말을 자랑스럽게 이야기한다. 아이가 어른 말을 잘 따르고, 문제를 일으키지 않으며, 숙제도 빠짐없이 해간다는 점은 언뜻 보면 칭찬받을 일처럼 보인다.

하지만 나는 이런 말을 들을 때마다 조심스럽게 되묻고 싶어진다.

"그 아이는 자기 인생도 그렇게, 누가 시켜야만 살아가는 건가요?"

말을 잘 듣는 태도 자체는 귀한 자질이다. 그러나 그게 전부라면 이야기는 달라진다. 시키는 일만 정확히 수행하는 아이는 착하고 성실해 보일 수 있지만, 실상은 스스로 기준을 세우지 못하고 늘 외부의 판단에 의존하는 수동적인 존재일 가능성이 크다.

더 큰 문제는, 이런 수동적인 아이의 모습을 부모가 '정상'이라 여긴다는 데 있다. 지시를 잘 따르고, 불만 없이 주어진 과제를 해내는 모습이 마치 '바람직한 청소년'의 전형처럼 보이기에, 문제를 문제로 인식하지 못한다. 하지만 바로 그 상태가 아이를 멈춰 세우고 있다는 사실을 많은 부모는 간과한다.

지금의 사회는 더 이상 지시만 잘 따르는 사람을 원하지 않는다. 우리가 사는 세상은 빠르게 변화하고 있다. 기업도 학교도, '정해진 일을 정확히 수행하는 사람'만으로는 더는 버틸 수 없다. 오늘날이 원하는 인재는, 필요한 것을 스스로 파악하고 준비하며, 더 나은 방향을 제시할 수 있는 사람이다. 단순 수행은 인공지능과 자동화 시스템이 더 잘할 수 있다. 인간만이 할 수 있는 건 '판단', '예측', '창조'다.

하지만 우리 아이들은 여전히 "하지 말랬지", "그건 시키기 전엔 하지 마", "지금은 그거 할 때 아니야" 같은 말을 들으며 자란다. 자율성과 주도성을 키워야 할 시기에 오히려 '정지 상태'를 훈련받고 있는 셈이다.

중학교 2학년인 진수는 착하다. 예의 바르고, 학교생활도 문제 없이 잘 해내고 있다. 학원 숙제도 미루는 법이 없이 성실히 해가고, 선생님의 지시도 잘 따른다. 겉으로 보면 모범생이다. 하지만 학교에서 조별 과제만 하면 자신이 맡은 분량과 역할만 하고 그만이다. 다른 아이들이 활발히 의견을 나누고 아이디어를 주고받을 때, 진수는 조용히 자기 몫만 끝낸다. 누가 시키거나 요구하지 않은 일에는 손을 대지 않는다.

발표 준비도 마찬가지다. 요구된 분량만 정확히 채운다. 질문을 던지면 "모르겠어요.", "다 했는데요" 같은 짧은 대답이 돌아온다. 스스로 더 나아가 보려는 욕심도 없고, 전체 흐름을 조망하려는 시선도 없다.

진수 부모는 말한다.

"우리 애는 시키는 건 잘해요. 문제는 없어요."

하지만 정작 문제는, 그 '문제가 없다'는 상태에 숨어 있다. 진수는 자신에게 주어진 것 이상은 하지 않는다. 스스로 어떤 질문을 던지거나, 더 나은 방법을 고민하지도 않는다. 왜냐하면 그런 기회를 얻지 못했고, 그런 훈련을 받아본 적이 없기 때문이다.

어릴 적부터 숙제는 엄마가 검사했고, 하루 계획은 부모가 짜 주었으며, 진로는 "너는 이게 어울려"라는 말로 결정되었다. 그런 환경에서 자란 진수는 점점 어떤 일이든 자기 판단으로 시작하지 못하는 아이가 되어가고 있다.

스스로 움직이지 못하는 아이의 미래는 어떨까?

스스로 움직이는 법을 배우지 못한 아이는 결국 누군가의 지시를 기다리는 삶을 살아가게 된다. 직장에 들어가면 상사의 지시 없이는 회의 중에도 입을 열지 못하고, 정해진 업무 외의 요청에는 불편함을 느낀다. 실수가 생기면 스스로 해결하려 하기보다 누군가 개입해 주기를 기다린다. 때로는 문제를 넘겨 버리기도 한다.

이런 사람은 처음엔 '성실한 신입'으로 좋은 인상을 줄 수 있다. 하지만 시간이 흐르면 승진과 기회의 문 앞에서 뒤처지게 된다. 이제는 '시키는 일만 잘하는 사람'으로는 사회에서 살아남기 어렵기 때문이다. 결국 진수는, 자기 삶조차 타인이 설정한 대로 따라가는 인생을 살게 된다.

지시하지 말고, 아이의 생각을 끌어내야 한다. 계획해 주시 말고, 아이가 직접 계획하게 해야 하며, 결정해 주지 말고 결정할 기회를 주어야 한다.

예를 들어, 주말 공부 계획을 짤 때 대부분의 부모는 "토요일엔 수학 두 시간, 일요일엔 영어 숙제 먼저 하고…"처럼 일방적으로 정해준다. 이 방식은 '수행'은 가능하게 만들지만, 스스로 조정하고 판단하는 힘은 길러주지 않는다.

이럴 땐 이렇게 해보자.

"이번 주말엔 네가 계획 한번 세워볼래? 하고 싶은 것도 넣고, 공부 시간도 네가 정해 보는 거야."

계획이 허술하거나 부족해 보여도 처음엔 손대지 말고 아이 스스로 해보게 하자. 주말이 끝난 뒤에는 함께 앉아 대화를 나눈다.

"어떤 점이 잘 됐고, 어떤 부분은 아쉬웠니? 다음엔 어떻게 하면 더 좋을까?"

이 과정을 반복하면 아이는 점차 '스스로 조율하는 힘'을 얻게 된다.

외출 준비도 마찬가지다. 부모가 흔히 "9시까지 나가야 하니까 8시에 씻고, 8시 반엔 나올 준비해"라고 일정을 지시한다. 대신 이렇게 말해보자.

"우리가 9시에 출발하려면 몇 시에 일어나야 할까? 일어나서 제일 먼저 할 일은 무엇일까? 진수가 생각해서 말해줄래?"

또한, 용돈 사용도 훈련의 기회가 된다. "이건 사면 안 돼"라고 단호히 막기보다 "지금 이거랑 저거 중 하나만 고른다면 어떤 기준으로 선택할래?", "이걸 샀을 때 한 달 뒤 네 기분은 어떨 것 같아?"처럼 질문을 던져라. 그렇게 스스로 판단하고, 그 결과를 책임지는 경험을 하게 하자.

가정 안에서의 작고 일상적인 결정권이 쌓이면, 아이는 '내가 결정한 일에 책임지는 힘'을 익히게 된다. 계획, 실행, 피드백의 전 과정을 경험한 아이는 어떤 일이든 누군가의 지시 없이 먼저 생각하고 움직일 수 있게 된다.

그런 경험들이 모이면, 아이는 더 이상 "뭘 해야 하죠?"를 묻지 않는다. 대신 "이런 방향으로 해보면 어떨까요?"라고 제안할 줄 아는 사람으로 자라난다.

부모의 조율이란 아이의 삶을 대신 운전해 주는 것이 아니다. 아이 스스로 운전대를 잡을 수 있도록 옆에서 지도해 주는 것이다. 가장 좋은 부모는 길을 대신 가르쳐주는 사람이 아니라, 아이에게 '길 찾는 법'을 익히게 해주는 사람이다.

그때 아이는 '지시 대기형 인간'에서 벗어나, 자기 삶을 스스로 설계하고 실천해 가는 주도적인 사람으로 성장하게 된다.

또, 아이에게 질문하게 만들어야 한다.

"이 일이 끝나고 나면 뭘 준비해야 할까?"

"다른 새로운 방법은 없을까?"

"어떻게 하면 더 나아질 수 있을까?"

이런 질문을 던지고, 아이가 스스로 답을 찾도록 이끌어야 한다.

계획을 세워 주는 대신, 아이가 계획하게 하자. 정답을 알려주는 대신, 질문하게 하자. 도와주는 대신, 스스로 해보게 두자.

말 잘 듣는 아이는 부모가 다루기엔 편할 수 있다. 하지만 그런 아이는 인생을 조율하는 힘이 약하다. 지금 우리에게 필요한 아이는 말없이도 먼저 움직이는 아이, 스스로 판단하고 방향을 정할 줄 아는 주체적인 아이다.

더 늦기 전에, 진수처럼 시키는 일에 토달지 않고 조용히 따르는 아이의 속을 다시 들여다보자. 그 안에 멈춰 버린 사고와 억눌린 판단력이 자라고 있지 않은지. 순종은 시작일 수 있지만, 주도는 필수다. 우리 아이는 따라가는 사람이 아니라, 이끄는 사람이어야 한다.

돈이 없어서 못 해준 게 아니라, 미안하단 말이 너무 많았을 뿐이다

"우리 애는 학원도 못 다녔고, 과외도 못 받아서… 사실 제가 더 잘해줬으면 이렇게까진 안 됐을 거예요."

상담실에서 부모들이 가장 자주 꺼내는 말이다. 그러곤 자책하듯 뒷말을 덧붙인다.

"이런 얘기해 봐야 뭐하겠어요. 그냥 미안하죠…."

이 말을 들을 때마다 나는 조용히 생각하게 된다. 정말 부모가 돈을 더 썼다면, 과연 아이 인생이 달라졌을까?

정답은 '그렇지 않다'다.

적어도 지금 시대는 분명하게 말해주고 있다. '돈'보다 훨씬 더 중요한 건 '태도'라고. 지금은 유튜브만 켜도 전국 일타 강사의 강의를 무료로 들을 수 있고 공부법, 진로 정보, 자기개발 자료가 넘쳐나는 시대다. 수십만 원짜리 과외를 받지 않아도, 배우고자 하는 마음만 있다면 충분히 자기만의 길을 만들어 갈 수 있다.

문제는, 그 기회를 누가 찾느냐이다.

하지만 많은 부모가 여전히 "돈이 없어서 우리 애가 기회를 놓쳤다"는 프레임에서 벗어나지 못한다. 스스로를 탓하며 죄책감을 품고, 결국 그 죄책감으로 아이에게 면책권을 넘겨주고 만다.

"내가 잘 안 된 건, 좋은 지원을 못 받아서야."

이 말은 한 번 입밖에 나오는 순간, 아이의 인생 전체가 부모 책임인 것처럼 위장된다. 아이는 그 말에 기댄다. 더 이상 스스로 고민하지 않는다. 노력하지 않는다. 길을 찾으려 하지 않는다.

스스로 문제를 해결할 기회, 스스로 자신을 증명할 기회를 부모가 '미안함'이라는 이름으로 박탈해 버리는 셈이다.

고3인 형진이는 상담실 맞은편 의자에 푹 파묻힌 채 무표정으로 앉아 있었다. 생활기록부를 펼쳐보니 진로 활동, 교과 세부 능력 기록, 봉사 내역이 거의 비어 있었다. 학교생활의 흔적이라기보다, 빈 여백이 더 눈에 띄었다. 마치 아직 아무것도 시작하지 않은 사람 같았다.

나는 조심스럽게 물었다.

"기계공학 계열 생각하고 있다고 적혀 있는데, 왜 그렇게 정했어?"

형진이는 어깨를 한번 으쓱하더니 대답했다.

"그냥… 뭔가 만들고 조립하는 건 나쁘지 않아서요."

"그럼 관련 활동은 따로 해본 게 있어?"

"아뇨. 그런 걸 할 기회도 없었고요. 강남처럼 스펙 만들어주는 학원 다닌 것도 아니고…."

그 말에 옆에 앉아 있던 엄마가 고개를 떨구었다.

"저희가 형편이 안 돼서요. 사교육은 꿈도 못 꿨고, 아이가 공부를 잘하는 것도 아니니 선생님을 찾아가 물어볼 용기도 없었어요. 그래서 애한테 항상 미안해요. 제가 더 잘했어야 했는데…."

그 순간 나는 분명히 느꼈다. 이 모자는 '할 수 없었다'는 말에 익숙해져 있었다. 그건 단순한 환경의 한계가 아니라, 자기 인생을 스스로 만들어 가려는 의지의 결핍이었다.

나는 다시 형진이에게 물었다.

"학교에서 할 수 있는 진로 관련 활동이나, 관련 책이나 영상 같은 건 찾아본 적 있어?"

형진이는 잠시 망설이다가 말했다.

"그런 거… 해도 티도 안 나잖아요. 생기부엔 안 들어가니까요."

그 말에서 나는 문제의 본질을 들을 수 있었다. 이 아이는 이미 '나는 불리하다'는 결론을 내렸고, 그래서 무엇도 시도하지 않는 습관이 굳어 있었다. 그리고 그 습관의 기저에는 엄마가 매번 들려주는 "미안하다"는 말이 뿌리처럼 박혀 있었다.

할 수 없다는 자기암시, 그걸 정당화해 주는 부모의 죄책감. 이 조합이 아이의 태도와 미래를 결정짓고 있었다.

아이는 부모의 통장으로 크지 않는다. 부모의 가난 자체가 아이의 성장을 막지는 않는다. 진짜 문제는 그 가난을 죄처럼 여기고, 매번 "미안하다"는 말로 덮으려는 태도다.

아이에게 꼭 필요한 건 비싼 학원도, 유명한 강사도 아니다. 오히려 지금 가진 환경 안에서도 스스로 해볼 수 있다는 믿음이다. 그리고 그 믿음을 무너지지 않게 지켜보며 응원해 주는 부모의 뒷모습이다.

"우리가 못해 줘서 너는 안 된 거야."

이 말이 반복되면, 아이는 점점 자신이 가진 가능성을 의심하게 된다. 그리고 결국, 스스로 시도해 보려는 마음조차 꺾이고 만다. 도전하지 않게 된다. 스스로 판단하고 움직이는 능력 자체가 마비된다.

그렇게 아이는 "나는 원래 이 정도밖에 안 되는 사람이야"라는 체념을 배우며 자라게 된다.

아이는 부모의 통장이 아니라, 부모의 말과 태도로 성장한다. "미안하다"는 말은 때로 아이의 발을 붙드는 족쇄가 될 수 있다.

이제는 이렇게 말해주자.

　"지금 네가 가진 것 안에서도 충분히 할 수 있어."

　"너의 시도와 도전은, 다른 아이들이 쉽게 얻을 수 없는 소중한 경험과 힘이 될 거야."

　이 말 한마디가 아이의 방향을 바꾸고, 마음을 일으켜 세울 수 있다. 그리고 그것이야말로, 부모만이 줄 수 있는 세상에서 가장 값진 교육이다. 가난은 아이를 망치지 않는다. 망치는 건, 부모의 태도다.

아이 안에서
조용히 사라진 사람

"나는 더 좋은 부모야. 그러니까 저 사람보단 내가 옳아."

이 생각이 시작되는 순간, 아이에게는 중요한 한 사람이 지워진다. 그리고 그 지워진 자리는 불안, 혼란, 그리고 자아의 기반을 흔드는 정서적 공백으로 채워진다.

고등학생 고은이는 부모와 함께 진로 상담실에 들어섰지만, 방안은 오직 아빠의 목소리로 가득했다.

"애 엄마는 사회생활을 안 해봐서 잘 몰라요."

"애가 버릇이 없어진 건 다 엄마가 너무 다 해줘서 그래요."

아이는 질문을 받을 때마다 번번이 아빠의 눈치를 봤고, 엄마는 조용히 입을 다문 채 옆에 앉아 있었다. 이 집에서 엄마는 마치 존재하지 않는 사람 같았다.

아빠는 자신이 '주도적인 부모'라고 믿고 있었지만, 실은 '더 나은 부모'가 되고 싶은 욕심으로 배우자를 지워 나가고 있었다. 진로, 공부, 성적 모든 것을 아빠 혼자 결정하며, 엄마의 개입은 철저히 차단되어 있었다.

중학생 희진이는 사회 과제를 하다 막혔다. 답이 도무지 떠오르지 않자, 조심스레 엄마에게 물었다.

"이거 아빠한테 물어보면 안 돼?"

엄마는 웃으며 대답했다.

"아휴, 물어봤자 화만 내지. '이것도 모르냐'고 또 소리 지를 걸?"

"아빠는 원래 이런 데 관심 없어. 괜히 스트레스받지 말고, 다음부턴 엄마한테만 물어."

그날 이후, 희진이는 아빠를 의논의 대상에서 지웠다. '아빠는 무섭고, 도움이 안 되는 사람'이라는 인식이 마음 깊이 각인되었다.

엄마는 아이를 보호하려 했는지 모른다. 하지만 그런 언행은 반복될수록, 한쪽 부모를 아이의 세계에서 천천히 밀어낸다. 그리고 그 공백은 시간이 지나도 채워지지 않는다.

반대의 경우도 있다. 초등학생 경수는 축구대회에서 받은 상장을 들고 아빠에게 자랑했지만, 아빠는 무심하게 웃으며 말했다.

"엄마가 또 그거 시켰지? 공부 안 하고 뭐하는 거냐."

"당신은 맨날 그런 거 참 좋아해. 쓸데없는 걸로 들뜨게 만들지 말고, 공부나 하라 그래."

이 말은 아이에게 두 가지 신호를 남긴다. 첫째, 엄마가 인정하는 일은 가치 없다는 것. 둘째, 아빠가 보는 세상이 '정답'이라는 것.

그날 이후, 경수는 무의식적으로 '아빠가 싫어하는 일은 하면 안 돼'라고 느끼며 행동했다. 엄마가 아무리 응원해도, 아빠의 평가 한마디가 모든 의미를 없앴다.

아이 안에서 부모 하나가 지워지는 것

두 집은 겉보기엔 다르지만, 아이가 받는 메시지는 같다.

"나는 옳고, 저 사람은 틀렸다. 네 옆에는 나만 있으면 돼."

엄마는 아빠를 무시하며 "쓸모없는 사람"이라 말하고, 아빠는 엄마를 배제하며 "입 다물라"고 한다. 이런 구조는 심리학에서 '역기능적 동맹(dysfunctional alliance)' 또는 '정서적 배타(estrangement)'라고 불린다. 부모가 아이를 더 잘 보호하기 위해 한편이 되는 것처럼 보이지만, 실은 정서적 분열과 불균형을 심는 방식이다.

아이는 둘 다 부모이지만, 어느 한쪽은 '믿을 필요 없는 사람'이 된다. 결국 아이는 사랑받기 위해 편을 들어야 하고, 살아남기 위해 누군가를 버려야 하는 구조에 놓인다.

그렇게 자란 아이는 어떻게 될까?

첫째, 갈등 앞에서 침묵하거나 폭발한다.

이 아이들은 감정을 말로 풀지 못한다. 어릴 적, 말하면 싸움이 나거나, 한쪽 부모가 상처받는 걸 봤기 때문이다. 그래서 갈등이 생기면 말하지 않고 피하거나, 끝까지 참았다가 한 번에 터뜨린다. 회의 중 지적에 표정이 굳고, 동료와 갈등이 생기면 "말해봤자 소용없어요"라며 등을 돌린다.

그들은 이렇게 배웠다.

"말하면 다친다."

"들어줄 사람은 없다."

그래서 결국, 대화하지 못하는 어른이 된다.

둘째, 관계는 얕고, 신뢰는 형성되지 않는다.

정서적으로 가까워지는 것 자체를 불편하게 느낀다. 기대하면 실망한다고 배웠기 때문이다.

상사의 관심도 경계하고, 동료와는 겉도는 대화만 반복한다. 심지어 친구, 배우자, 고객과도 '선 넘지 않기'에만 집중하며 감정을 표현하지 못한다. 겉보기엔 예의 바르지만, 진심 어린 신뢰를 형성하지 못한다. 결국 조직에서 외로움을 느끼고, 소속되지 못해 떠돌게 된다.

셋째, 부모의 방식을 자신도 모르게 따라 하고 있다.

"나는 부모처럼 살지 않을 거야."라고 다짐했지만, 중요한 순간에 부모의 언어와 태도가 튀어나온다. 배우자에게 비난하거나, 자녀에게 일방적으로 통제하거나, 대화 대신 침묵으로 버틴다. 가정을 '감정 없는 공간'으로 만들고, 자식에게 지나친 의존이나 기대를 보인다. 그리고 문득 깨닫는다.

"나는 내가 그토록 싫어했던 부모처럼 살아가고 있구나."

이들은 겉으론 멀쩡해 보인다. 하지만 관계 안에서는 갈등을 다루지 못하고, 신뢰를 만들지 못하며, 감정도 스스로 이해하지 못한다.

그 출발점은 분명하다. 어릴 적, 부모 중 한 사람이 관계에서 조용히 지워졌다는 것. 그리고 아이는 그 부재를 '원래 그런 줄' 알고 자랐다는 것. 때리는 것보다 더 깊은 상처는 부모 중 한 명이 관계에서 사라지는 일이다. 그리고 진짜 문제는, 그 부재를 자연스럽게 받아들이게 만드는 점이다.

이제 이 사실을 기억하자. 아이의 인생에는 어느 한쪽만으로는 완성되지 않는다. 함께 서 있어야 할 두 사람 중 하나를 지우는 순간, 아이는 불완전한 지도를 갖고 세상에 나가게 된다. 그리고 그 지도는, 아무리 애써도 방향을 찾을 수 없게 만든다.

희생이라는
이름의 거래

"부모는 자녀를 위해 희생해야 한다."

이 말은 언뜻 숭고하게 들린다. 하지만 때로는 아이에게 보이지 않는 심리적 빚을 지우는 행위일 수 있다.

진태 아버지는 중견기업의 과장이다. 오랜 시간 회사에서 성실히 일하며 실적도 좋았다. 몇 년 전, 팀장 승진 대상자로 이름이 올랐다. 하지만 그 시기는 진태가 고등학교 2학년이 되어 입시에 본격적으로 뛰어든 해였다. 아버지는 고민했다. 승진을 하면 야근이 잦아지고, 주말 회의나 출장이 늘어난다. 결국 그는 승진을 포기했다.

"입시철인데 애가 혼자 다니고 밥까지 챙기게 하면 안 되지."

그날 이후, 아버지는 퇴근 후 진태를 학원에 데리러 다녔고, 밤에는 인터넷 강의를 함께 듣거나 입시 설명회 자료를 정리해 출력해줬다. 주말이면 모의 면접도 봐줬다. 사교육비는 아끼지 않았다. 말 그대로, 아이의 입시를 위해 자신의 시간을 온전히 쏟아부었다.

하지만 진태는 원하는 대학에 가지 못했다. 수능 이후엔 무기력한 나날을 보냈고, 재수를 권해도 "그냥 좀 쉬고 싶다"고만 말했다.

그날 저녁, 아버지는 소파에 앉아 무표정하게 TV를 보고 있는 진태를 불렀다.

"진태야, 넌 아냐? 내가 회사에서 참은 게 몇 갠 줄 알아? 승진 기회도 걷어차고, 회식도 다 거절하고, 그냥 너 대학 보내겠다고… 나라는 사람을 통째로 버린 거야."

그 말은 잔잔했지만, 속엔 깊은 울분이 실려 있었다.

서윤이 엄마는 결혼 전까지 작은 카페를 운영했다. 디저트가 맛있기로 소문이 나면서 단골도 생겼고, 언젠가 디저트 브랜드를 내는 게 꿈이었다. 하지만 서윤이가 초등학교에 입학하며 고민이 시작됐다.

"학교 끝나고 혼자 있는 시간이 너무 긴데, 이래도 되나?"

그렇게 가게 문을 닫았다.

"잠시만 접자. 학교에 적응할 때까지만."

하지만 그 '잠시'는 몇 년이 되었고, 아이의 하루를 관리하는 일이 엄마의 일상이 되었다. 급식 체크, 학원 스케줄, 숙제 지도, 진로 상담까지. 그녀는 누구보다 '엄마 역할'을 열심히 해냈다.

그러던 어느 날, 서윤이가 말했다.

"엄마, 나 그냥 평범하게 살고 싶어. 이거 너무 힘들어."

그 말에 엄마는 아무 말도 하지 않았다. 하지만 며칠 뒤, 저녁 식사 도중 갑자기 밥숟가락을 내려놓고 말했다.

"넌 내가 다 포기한 줄도 모르지? 나도 하고 싶은 게 있었어. 근데 너 하나 바라보고 산 거야. 너만은 나처럼 살게 하고 싶지 않았어…. 근데 왜 넌 그걸 몰라?"

그녀의 눈에는 눈물이 고여 있었다. 말보다 억울한 마음이 먼저 느껴졌다.

부모는 누구나 아이를 위해 무언가를 내려놓는다. 아이가 아플 때, 시험 기간일 때, 중요한 결정 앞에 있을 때, 부모는 우선순위를 조정한다. 그러나 이 내려놓음이 '일시적 선택'이 아닌, '삶 전체'가 되는 순간, 그 희생은 사랑이 아니라 '거래'가 된다.

"나는 너를 위해 살았는데, 내 삶은 어디로 갔을까?"

이 질문은 시간이 흐를수록 더 깊은 회한을 남긴다. 처음엔 기꺼이 내려놓았던 것들이다. 하지만 자녀가 기대만큼의 결과를 내지 못하거나, 희생을 고마워하지 않을 때, 부모는 실망하게 된다.

"내가 이렇게까지 했는데, 그 정도는 해줘야지."

이 마음이 생기고, 말은 하지 않아도 표정과 분위기로 전달된다. 그리고 그 감정은 아이에게 고스란히 전가된다. 죄책감과 눈치, 그리고 "내가 실패하면 우리 가족 전체가 무너질 수도 있다"는 묵직한 압박으로.

희생이라는 이름의 빚

부모는 이렇게 말한다.

"나는 힘들고 고생해도 괜찮아. 그냥 너만 잘되면 돼."

이 말은 사랑처럼 들린다.

그래서 많은 부모가 아무 의심 없이 이 말을 반복한다. 하지만 아이의 귀에는 조금 다르게 꽂힌다.

"내가 잘못되면, 부모님 인생을 망친 사람이 되는 거야."

아이에게 이 말은 응원이 아니라 부담이다. 자유가 아니라 빚이다.

심리학에서는 이런 상태를 '역기능적 자기희생(Maladaptive Self-Sacrifice)'이라고 부른다.

누군가를 위한다는 이유로 자신을 계속 내어주지만, 그 행동이 관계를 건강하게 만들지도, 상대를 성장시키지도 못하는 경우다.

이런 희생은 아이를 독립시키는 힘이 되기보다 의존과 죄책감을 남긴다. 또, 눈에 보이지 않는 통제와 설명되지 않는 책임감을 더한다.

어느 순간부터 희생의 목적은 아이의 성장이 아니다. 부모 자신의 불안을 달래기 위한 자기 위안이 되고, 관계를 놓치지 않기 위한 장치가 되며, '좋은 부모'라는 인정을 받고 싶은 욕구를 채우는 수단으로 바뀐다. 그렇게 아이는, 원한 적도 없고 설명받은 적도 없는 빚을 지고 산다.

"엄마는 나 때문에 꿈을 접었어."

"아빠는 나를 위해 승진을 포기했어."

"내가 잘해야, 저 사람들의 인생이 괜찮아지는 거야."

그 무게는 아이를 움직이게 하지 않는다. 오히려 멈추게 한다. 아이들은 실패를 두려워하는 존재가 된다. 성공의 기쁨보다 실패의 공포가 더 크다. 실망은 곧 부모를 무너뜨리는 일이라 여기기 때문이다.

도전보다는 안전을, 욕망보다는 기대를, 변화보다는 머무름을 택한다. 무언가를 스스로 결정하지 못하고, 부모의 기대에 맞추어 살아가며, 늘 누군가의 눈치를 보게 된다.

그리고 시간이 지나면, 그 아이도 언젠가 부모가 했던 말을 반복하게 된다.

"나는 너를 위해 살아왔어. 그런데 너는 왜 그걸 몰라?"

진짜 사랑은 부담을 지우지 않는다. 부모의 희생이 진심이었다면, 그건 아이가 감사하지 않아도 괜찮은 것이어야 한다. 아이의 인생은 부모의 보상이 아니다. 자녀는 부모의 삶을 대신 살아줄 존재가 아니다. 그러니 이제는 말해주자.

"나는 너를 위해 내 삶을 잠시 미뤘지만, 이건 내 선택이었어. 넌 네 삶을 너답게 살아."

"부담 갖지 말고, 실패해도 괜찮아. 난 여전히 네 편이야."

이 말 한마디가, 아이에게 세상에서 가장 가벼운 날개를 달아 줄 수 있다. 자녀에게 기대는 희생은 사랑이 아니라 감정의 거래다. 그리고 그 거래의 대가는, 생각보다 더 비싸다.

"덩치는 다 컸는데, 인생 설계도는 '엄마 말'이 전부입니다."

대학에서 시간강사로 일하던 시절, 강의가 끝난 어느 날이었다. 복학생 티가 채 가시지 않은 4학년 남학생 두 명이 조심스럽게 나를 찾아왔다. 군대도 다녀왔고, 이제는 본격적으로 취업을 준비 중이라고 했다. 누군가 내 이름을 듣고 찾아왔다고 했다.

"혹시… 이력서 좀 봐주실 수 있나요?"

그중 한 명이 자기소개서 한 장도 꺼내 놓았다. 나는 고개를 끄덕이고, 서류는 책상 한쪽으로 밀어두었다. 지금 중요한 건 서류보다 이 친구들이 어떤 사람인지 아는 일이었다.

그래서 물었다.

"너희는 사회에서 어떤 경쟁력이 있다고 생각해?"

잠깐의 정적이 흐른 뒤, 한 친구가 조심스레 입을 열었다.

"저는… 어릴 때부터 엄마가 뭐든 빨리 배운다고 하셨어요."

그 옆 친구도 머뭇거리다가 한마디 덧붙였다.

"저는 어디 가면 성실하다고 부모님이 자랑하세요."

나는 그 말을 듣고 속으로 탄식이 나왔다. '그건 너희 경쟁력이

아니라, 엄마 말이지.'

그래서 다시 물었다.

"지원하고 싶은 분야는 뭐야?"

"아빠가 금융권이 안정적이라고 하셔서….."

"부모님은 공무원하라고 해서요. 그래도 일단 몇 군데 넣어보긴 했어요."

그 순간, 나는 말문이 막혔다. 이력서를 다시 들여다볼 필요도 없었다. 스펙보다 훨씬 큰 결함, 바로 '자기 없음'이었다.

덩치는 다 컸다. 군대도 다녀왔다. 하지만 인생의 키는 여전히 부모 손에 들려 있었다. 자기가 잘하는 게 뭔지도 모르고, 좋아하는 건 더 모르고, 왜 그 직무를 선택했는지도 모른다. 그저 부모가 하라는 대로, 좋다는 대로, 안정적이라는 말만 따라 움직이고 있었다.

이쯤 되면 묻고 싶다.

"도대체 누구 인생을 살고 있는 거니?"

착하고, 말 잘 듣고, 시키는 일 잘하고, 문제 안 일으키고… 그렇게 키운 아이의 끝은 바로 이런 모습이다. 덩치는 어른인데, 마음과 생각은 여전히 '엄마 GPS'를 켜고 사는 미성숙한 존재다.

Chapter

2

그놈의
공부, 공부,
성적, 성적

점수로 자란 아이,
평가에 갇힌 어른이 되다

부모들은 종종 이렇게 말한다.

"공부 열심히 안 하면 나중에 고생한다."

"지금 공부 못하면 평생 밑바닥 인생을 살아야 한다."

"성적 안 나오면 너의 미래는 없다."

이런 말들은 언뜻 들으면 자녀의 앞날을 걱정하는 충고처럼 들리지만, 자세히 들여다보면 불안과 압박을 조장하는 경고에 가깝다. 그리고 이 말들이 반복되면, 아이는 자신의 미래가 오직 '성적'이라는 숫자 하나로만 결정된다고 믿게 된다.

그렇다면 정말 부모가 생각하는 대로 공부를 못하면, 아이의 인생은 망하는 걸까? 물론 읽고 쓰고 생각하고 표현하는 능력은 어느 분야에서든 꼭 필요한 기반이다. 그러나 그 기반이 성적이라는 수치로만 평가되지 않을뿐더러 미래에 행복하거나 만족스러운 삶과 밀접한 관련이 있다고 장담할 수 없다.

더 나아가 지금 아이가 배우고 있는 영어, 수학, 과학, 사회 같은 교과목의 성적이 과연 이 아이가 앞으로 갖게 될 직업이나 살아갈 삶의 방향에 얼마나 도움이 될지 냉정히 따져볼 필요가 있다. 물론 여기서 오해는 없어야 한다. 현대 사회에서 어떤 직업을 선택하든, 기본적인 독해력과 사고력, 수리력 등이 필요하다는 의견에는 동의한다. 이런 능력은 단지 시험을 위한 스펙이 아니라, 문제를 이해하고 풀어가는 기본이자, 세상을 읽는 언어이기 때문이다. 그러나 모든 과목의 성적이 1등 또는 상위권에 들어야만 가질 수 있는 직업은 손에 꼽힐 정도이며, 그런 직업이라고 해서 우리 아이에게 성공한 삶을 보장해 주는 것은 아니다.

오히려 많은 직업과 삶의 기회는, 특정 과목의 점수보다는 개인의 태도, 문제 해결력, 협업 능력, 끈기와 유연성에서 갈린다. 그럼에도 우리는 여전히 성적이라는 단일한 기준에 아이를 집어넣고, 그 결과만으로 미래를 예측하고 가능성을 제한하려 한다. 이제는 그 틀에서 벗어나야 한다. 공부는 삶을 위한 준비이지, 삶의 전부가 아니다. 그리고 교과 성적은 그 삶을 설계하는 데 필요한 도구 중 하나일 뿐, 아이의 미래를 전부 결정짓는 '절대 기준'은 아니라는 점을 기억해야 하겠다.

그럼에도 불구하고 성적이 인생을 보장해 준다는 착각과 성적에 집착하는 부모에게는 나름의 공식이 있다.

"성적만 좋으면 좋은 대학에 간다."

"좋은 대학에 가면 좋은 직장을 얻는다."

"좋은 직장에 가면 인생이 편해진다."

이 믿음은 곧 아이에게도 이렇게 전해진다.

"높은 성적으로 좋은 대학 가면 행복하다."

"좋은 대학에 가면 남들이 부러워하는 좋은 직장에 갈 수 있다."

"좋은 직장만 들어가면 내 인생은 무조건 성공하는 거야."

만약 내 아이가 아니라 다른 집의 아이라면 입바른 소리를 할 수 있다고 했다. 좋은 대학을 졸업하고도 자신이 설 자리를 찾지 못하는 사람들, 스펙은 완벽한데 감정조절이 어렵고 인간관계도 형성하지 못해 일터에서 쫓겨난 사람들, 성과를 내고도 불안에 시달리고, 자리를 얻었지만 허무함에 빠진 사람들이 결코 적지도 드물지도 않으니 너무 공부와 성적 타령하지 말라고 밀이다. 그런데 우리 아이는 안 된단다.

성적을 인생 성적표로 배운 아이, 은형이에게 성적은 곧 삶의 기준이었다. 중학교 시절 전교 3등을 했을 때는 온 가족이 외식을 했고, 모의고사 성적이 떨어졌을 때는 아버지의 표정이 며칠 동안 어두워졌다. 아버지는 종종 말했다.

"넌 머리는 되는데 노력이 부족한 거야."

"성적만 잘 받으면, 대학이든 직장이든 다 너한테 열려 있어."

그래서 은형이는 버텼다. 고등학교 3년, 그리고 대학 입시까지. '내가 괜찮은 사람이라는 걸 증명하려면 상위권 성적이 필요하다'는 믿음으로 하루하루를 쌓아올렸다. 결국 중위권 대학에 진학했고, 부모는 다소 아쉬움을 남긴 채 수긍했다.

문제는 그다음이었다. 취업 준비에 들어가자, 은형이는 스스로를 끊임없이 시험대에 올린다. 자기소개서 한 줄을 써도 "다른 지원자보다 내가 나은가?", "이 문장이 부족해서 점수가 깎이면 어떡하지?"라는 식으로 자신이 하는 일에 점수를 매겼고, 사소한 실수조차 쉽게 받아들이지 못했다.

이런 모습은 취업 후에도 크게 달라지지 않는다. 상사의 칭찬

한마디에 자신감이 솟았고, 회의에서 부정적인 피드백을 들으면 자기 존재가 무너질 것처럼 흔들렸다. 성과평가에서 A를 받으면 살 것 같았고, B만 나와도 며칠씩 우울감에 빠졌다.

평가에 갇힌 어른이 된 은형이는 점수로 자신을 판단하는 게 일상이 되었다. 어릴 적부터 성적에 따라 평가받고, 그 결과로 인정받고 사랑받는 경험이 반복되어 자신의 가치는 늘 '결과'에 달려 있다고 믿게 되었다. 이러한 인식은 성인이 되어서도 고스란히 이어졌다. 자신의 감정보다 성과에 더 민감하게 반응했고, 자기만족보다 타인의 반응에 더 크게 흔들렸다. 자신의 존재 가치를 스스로 정의하지 못한 채, 주변의 평가와 시선에 기대어 살아가던 그는 결국 성적표가 사라진 자리에 성과표와 평가표, 연봉 순위가 대신 들어선 세상 속에서 끊임없는 비교와 불안에 시달리며 자신을 소진해 가고 있다.

부모가 "성적만 좋으면 된다"고 믿는 순간, 공부는 더 이상 아이 자신의 성장을 위한 도구가 아니라 부모의 기대를 충족시키기 위한 대리 수단이 되어 버린다. 그 순간부터 아이는 공부 자체를 바라보지 않고 '공부는 사랑받기 위한 조건'이라는 잘못된 인식에 따라, 성적이 좋을 때만 당당하고 점수가 낮아지면 자기 존재마저 초라하게 여기는 어른이 되어간다.

성적만 좋으면
나머지는 괜찮아

석진이는 초등학교 때부터 부모의 자랑이었다. 또래보다 말이 빠르고, 성적은 언제나 상위권이었다. 부모는 늘 말했다.

"우리 애는 머리가 달라. 뭐든지 빠르다니까."

그런 석진이는 어렸을 때부터 시험만 보면 성적은 좋았지만, 예의는 없었다. 가족을 포함해 주위 사람들을 무시하는 말을 가리지 않고 해댔고, 문제를 못 푼 친구를 공개적으로 비웃었다. 청소는 남 시키고, 동생은 못난이라 부르며 수시로 때리고, 선생님의 지적에도 토를 달기 일쑤였다. 하지만 부모는 이를 문제 삼지 않았다.

"쟤는 공부에 집중하느라 예민해서 그래."

"지금은 점수 올리는 게 중요하지, 성격은 차차 좋아지겠지."

공부만 잘하면 된다는 부모의 암묵적 허용은 석진이에게 하나의 '확신'을 심어주었는데 자신은 잘났고, 남은 하찮다는 인식이었다.

중고등학교 시절에도 석진이는 전교 1~2등을 놓치지 않았다. 하지만 친구는 없었다. 자신보다 못한 아이들과는 어울릴 이유가 없었고, 자신을 넘보는 아이는 눈에 가시 같아 적대시했다. 선생님의 충고는 '낡은 방식'으로 무시했고, 부모의 의견은 '잘 모르고 지껄이는 쓸데없는 잔소리'로 치부했다. 집에서도, 학교에서도, 늘 자신이 중심이어야 했다. 부모는 그걸 또 '자신감 있는 리더감'이라며 추켜세웠다.

석진이는 서울의 유명 대학에 합격했다. 하지만 대학에서도 그의 진상 짓은 계속되었다. 협업이 필요한 조별 과제는 '팀원과 수준이 안 맞다, 만나서 얼굴 보는 시간도 아깝다'며 혼자 하겠다고 고집을 피웠고, 토론 수업에서는 남의 의견은 무조건 반대하거나 듣지 않을 뿐만 아니라, 자신이 낸 아이디어가 채택되지 않으면 수업 참여까지 거부했다. 기숙사에서도 룸메이트에게 무례하게 굴어 자의 반 타의 반으로 단독 자취를 하게 되었다.

사회에서도 마찬가지였다. 대기업에 입사한 뒤 실력은 인정받았지만, 실력 이외의 생활은 최악이었다. 상사의 피드백에는 "그건 제가 보기엔 틀린 판단입니다."라고 맞받아쳤고, 팀 회의에서는 "이렇게 개인의 개성을 존중하지 않는 업무 형태는 도저히 인정할 수 없습니다."라며 팀워크를 무시하는 발언을 주저없이 쏟아냈다. 회사에서 정한 규칙들도 자신의 판단에 따라 무시했고, 경고를 받아도 개선할 생각이 없었다. 석진이는 몸담은 조직을 '자신보다 못한 사람들이 만든 틀'로 보았고, 자신은 그들과 함께 하기에는 너무 아까운 존재라고 믿었다. 팀워크보다는 개인 능력, 감정보다 결과, 존중보다는 자신만의 논리를 앞세우던 그는 결국 '그 누구한테도 환영받지 못하는 사람', '협업 불가한 고집쟁이'로 낙인찍힌 채, 1년 만에 자진 퇴사했다.

문제는 여기서 끝나지 않았다. 가정을 이룬 뒤에도 그의 태도는 변하지 않았다. 배우자의 감정을 "내가 왜 당신 감정까지 이해해야 하냐"며 대화를 차단하고, 아이가 울면 "너는 자신의 감정 하나 조절을 못 하느냐"고 몰아붙였다. 아이가 성적을 잘 받아 오면 칭찬하지만, 친구와의 갈등이나 학교생활의 어려움은 "그건 네가 잘못한 거니 알아서 해결하라"며 선을 그었다. 부모가 위중 하다는 연락을 받았을 때조차 그는 말했다. "지금 중요한 미팅 있 어서 곤란해요. 바쁜 일 정리되면 그때 가보든지 할게요."라고 말 이다. 당연히 그를 멀리하는 사람은 늘어갔고, 가족도 마음을 닫 기 시작했다. 결국 혼자가 되어 버린 아이를 보고 부모는 후회한 다.

"우린 그때 왜 '공부 잘하니까 괜찮아'라고 생각했던 걸까."

"왜 석진이의 잘못된 말과 행동을, 그 아이가 가진 무례함을, 공부와 성적이 우선이라고 이해하며 넘어간 것일까."

우리는 잊지 말아야 한다. 성적은 한 아이의 잠재력을 드러낼 수 있는 도구이긴 하지만, 그것이 인성을 대체할 수는 없다. 오히 려 성적만 강조된 교육은 공감 능력, 협업 태도, 감정 조절력 같은 중요한 사회적 역량을 키울 기회를 빼앗는다.

석진이처럼, 어릴 적 '성적만 좋으면 다 괜찮다'는 메시지를 받 고 자란 아이는 결국 어디서도 환영받지 못하는 어른이 될 가능성 이 높다. 성적이 아무리 좋아도, 그것 하나로는 한 사람의 인생을 지탱할 수 없다. 그래서 어디서나 함께 일하고 싶은 사람, 신뢰받 는 사람, 자신의 책임과 역할 그 이상을 해내는, 돈 주고도 못 살

'좋은 인성'이라는 재산을 가진 아이로 키우기 위해서 부모는 훈육과 교육할 타이밍을 놓치지 말아야 한다.

여기 인성이 대단한 능력으로 발휘되는 사람들이 있다. 축구 선수 손흥민은 세계적인 무대에서도 겸손함과 팀워크로 인정받는 선수다. 경기 내내 웃음을 잃지 않고, 동료를 존중하며, 심지어 팬과 심판에게도 예의를 갖춘 태도로 전 세계인의 사랑을 받고 있다. 배우 박보검은 촬영 현장에서 스태프 한 명 한 명에게도 인사를 건네고, 힘든 상황에서도 늘 배려심 있는 언행으로 '함께 일하고 싶은 사람 1위'로 손꼽힌다. 가수 임영웅 역시 자신의 성공을 늘 팬과 주변 사람들 덕분이라 말하며, 무명 시절 함께한 사람들을 잊지 않고 보답하는 진정성으로 더 높은 인기를 얻고 있다.

당연히 이들이 그렇게 자랄 수 있었던 배경에는 부모의 꾸준한 노력과 인성 중심의 교육이 있었다. 손흥민 선수는 어릴 적부터 축구보다 사람이 먼저라는 아버지의 가르침을 받았고, 실력보다 예의를 더 강조한 훈련을 통해 오늘의 겸손한 글로벌 리더가 될 수 있었다. 배우 박보검은 어머니 없이 자란 환경 속에서도 아버지로부터 사람을 대하는 진심과 책임감의 중요함을 배워, 사람을 먼저 생각하는 태도가 자연스럽게 몸에 배어 있었다. 가수 임영웅 역시 어려운 형편에서도 항상 감사와 배려를 가르친 어머니의 영향을 받아, 겸손과 배려를 잃지 않는 사람으로 성장할 수 있었다고 알려졌다. 이들을 통해 우리는 인성은 저절로 길러지는 것이 아니라, 부모가 무엇을 먼저 가르치고, 어떤 가치를 아이에게 심어주었는지에 따라 아이의 삶 전체에 걸쳐 나타난다는 진리를 다시 한번 확인할 수 있다.

성적은 일시적인 경쟁의 결과일 수 있지만, 인성은 평생을 지탱하는 진짜 실력이다. 공부보다 앞서야 할 교육은 바로 이것이다. 지금 우리 아이가 세상에 나가 어떤 존재로 살아갈지를 진심으로 고민하고 있다면, 오늘부터는 '점수'보다 '사람'을 먼저 알려주어야 한다.

공부를 못 해요 vs
공부를 안 해요

중학교 2학년 성은이는 모든 과목에서 하위권을 맴돌고 있었다. 상담을 처음 시작한 날, 성은이의 엄마는 성은이의 하위권 성적이 영원히 바뀌지 않을 것처럼 단정짓고 있었다.

"애는 공부 머리가 없는지 노력해 봤자 안 돼요. 어릴 때 더하기 빼기도 제대로 못했고, 받아쓰기도 초등학교 고학년 때까지 많이 틀려 왔어요."

엄마의 말에 성은이는 익숙한 듯 고개를 끄덕이며 말했다.

"저는 원래 머리가 나빠요. 아무리 해도 소용없어요."

성은이의 목소리에는 이미 패배와 체념이 깊이 묻어나고 있었다. 나중에 알게 되었지만 성은이는 결코 머리가 나빠 성적을 잘

받지 못했거나, 원래 공부에는 소질이 없는 아이가 아니었다. 매일 밤늦게까지 책상 앞에 앉아 문제집을 붙잡고 풀어보려고 애썼고, 학교와 학원 숙제도 누구보다 성실히 했다. 그렇게 열심히 노력은 했지만, 성적은 좀처럼 나아지지 않았던 사연을 갖고 있던 친구였다.

어느 날 성은이가 조용한 목소리로 내게 고민을 털어놓았다.

"정말 공부가 잘하고 싶어서 열심히 했는데 점수가 안 나와요. 제가 너무 바보 같은 것 같아요."

"뭘 외워야 할지 모르겠어요. 다 중요해 보이고, 시험지를 보면 머릿속이 하얘지고 아무것도 기억나지 않아요."

도와주고 싶은 마음에 나는 성은이에게 이미 보았던 시험문제를 풀게 하고, 그 과정을 지켜보았다. 성은이는 문제를 푸는 순서와 핵심 개념을 정리하는 방법을 전혀 몰랐고, 그저 답을 맞히는 데에만 눈과 생각이 고정되어 있었다. 개념을 몰라 문제를 이해하지 못함과 동시에 출제자의 의도를 파악하지 못해 알고 있는 것도 모두 놓치는 중이었다. 결론적으로 성은이는 잘못된 방법으로 학습하고 있었다.

이와 같이 제대로 된 공부 방법을 배우지 못한 상태에서 계속해서 좋은 결과만 요구받았으니, 실패는 어쩌면 당연한 결과였으리라. 시간이 지나 학습 방식의 오류로 인한 반복된 실패와 부모의 부정적인 평가가 계속된다면, 자신에게 맞는 학습법만 찾으면 기대 이상의 좋은 결과를 얻을 수 있는 아이가 '공부 안 하는 아이'로 살아가게 되는데 바로 성은이가 이 길 가운데 있다.

성은이처럼 노력하고 있지만 성과가 없는 아이들에게는 부모가 섬세한 관찰과 관심을 통해 원인을 정확히 찾아내 적합한 도움을 주어야 한다.

첫째, 교과서를 제대로 읽고 이해하는 법을 모르는 아이는 핵심 문장을 찾고 요약하는 훈련을 해야 한다.

예를 들어, 교과서를 읽으며 중요하다고 생각하는 문장에 밑줄을 긋고, 그 내용을 다시 자기만의 언어로 간략하게 정리해 보는 습관이 필요하다. 교과서의 핵심 개념을 매일 한 페이지씩 요약하고 그것을 부모나 교사에게 설명하게 하는 것도 큰 도움이 된다.

둘째, 문제를 풀 때 순서와 방법을 몰라 당황하는 아이는 문제를 풀기 위한 단계적 접근 방식을 체계적으로 익히는 일부터 시작하자.

구체적으로는 문제를 읽고 분석하는 단계, 주어진 조건을 확인하는 단계, 이를 바탕으로 해결 방법을 계획하는 단계, 계획에 따라 문제를 풀고 다시 확인하는 단계로 나누어 훈련한다. 초반에는 쉬운 문제로 시작해서 점차 난이도를 높여 가며 이 방법을 반복적으로 연습하면 아이의 문제 해결 능력이 자연스럽게 향상되는 효과를 거둘 수 있다.

셋째, 시간 관리가 어려워 항상 시험에서 실패하는 아이에게는 타이머를 활용한 시간 관리 훈련이 필수적이다.

아이가 실제로 시험을 보듯 일정한 시간 안에 문제를 풀어보게 하고, 시간을 넘겼을 때는 어느 단계에서 시간이 오래 걸렸는지 정확히 기록하게 한다. 이를 통해 어떤 부분에서 시간이 많이 소요되는지 파악하고, 그에 맞는 전략을 수정해 나가도록 지도해야 하는데 매일 10분씩 시간을 정해놓고 문제를 푸는 습관이 도움이 된다.

넷째, 지나친 암기 위주로 인해 이해력이 부족한 아이는 알아야 할 개념과 원리를 시각적 도구나 일상에서 흔히 볼 수 있는 실제 사례를 통해 설명하면 효과적이다.

복잡한 개념을 단순화하여 그림이나 다이어그램으로 시각화하거나, 현실에서 쉽게 볼 수 있는 사례로 설명하는 방식이 좋다. 예를 들어, 수학에서 비율 개념을 설명할 때는 음식 레시피 비율을 활용하거나, 과학에서 중력 개념을 설명할 때는 실제 물건을 떨어뜨리는 실험을 통해 직접 체험하게 하는 등의 실제적인 사례 학습이 아이의 이해력을 크게 높여줄 수 있다. 이때 부모의 힘으로는 아이에게 도움을 줄 수 없다는 판단이 서면, 아이에게 도움이 되는 학원이나 선생님을 찾아 아이의 상태를 충분히 설명하고 도움을 받는다. 우리는 기억해야 한다. 부모가 노력에 비해 부진한 학습 결과의 원인을 찾아 해결하는 과정을 거치지 않는다면, 아이들은 결국 학습에 대한 좌절감과 포기만을 배우게 된다는 사실을.

여기 중학교 1학년인, 공부에는 아예 관심이 없고 책상 앞에 앉는 것조차 경기를 일으키며 싫어하는 현진이가 있다. 도대체 공부를 왜 하는지 알 수 없다며 그 자체를 피해 다녔고, 학교 수업 시간에는 머리 박고 잠만 잔다고 집에서 훈육을 부탁한다는 전화가 빗발친다. 가기 싫어하는 학원이지만 '뭐 하나라도 배워오겠지'라는 기대로 보낸 학원은 PC방으로 탈출하기 위한 구실만 제공한 셈이 되어 버렸다.

　"하루만 학교 수업 시간에 잠을 자지 않으면 원하는 걸 사줄 게."

　"이번 주에 학원에 모두 출석하면 주말에는 실컷 놀게 해줄 게."

　"계속 지각하고 수업 태도 안 좋으면 핸드폰 뺏는다."

　"학원도 안 가는데 용돈은 왜 주니? 너는 오늘부터 용돈은 없 다."

　"공부 안 하려면 밥도 먹지 마!"

　당근과 채찍을 함께 써보기도 했지만, 공부는커녕 성실함 한 스푼도 건진 건 없다. 이 현진이에게 가장 필요한 것은 강압적 학습 환경이나 선심성 선물 공세가 아닌, 공부의 이유와 목적에 대한 이해와 공감을 통해 흥미와 호기심을 불러일으키는 것인데, 이 부분이 해결되지 않으니 효과는 당연히 없었다. 예를 들어, 생활 속에서 쉽게 발견할 수 있는 현상들을 과학적 관점에서 설명해 주거나, 수학이 실제 삶에서 어떻게 활용되는지 보여주는 구체적인 사례를 통해 흥미를 자극해야 한다. 필요를 느끼지 않고 목적이 없는 아이에게는 필요에 대한 공감과 부모님의 목적이 아닌 자신의 목적을 찾고 노력할 수 있는 길을 보여주어야 하는데, 부모는 눈앞의 공부와 성적에 온 신경을 집중하느라 중요한 시간을 놓친다. 그 결과 공부를 안 하는 아이는 영원히 학습과는 동떨어진 삶을 살아간다.

부모는 이제 탄식 대신, 아이의 진짜 문제를 찾는 탐정이 되어야 한다. 아이들 모두에게 공통적으로 필요한 것은 낙인과 비난이 아니라 각자의 상황에 맞춘 적절한 도움과 믿음이다. 아이가 공부를 못 하는 이유는 대부분 머리가 나빠서가 아니라, 단지 방법을 몰라 헤매고 있을 뿐이고, 아이가 공부를 안 하는 이유는 게으름이 아니라 아직 공부의 재미와 가치를 발견하지 못했기 때문이다. 부모가 인내심을 가지고 아이의 문제를 파악하고 그에 맞는 방법을 찾아줄 때, 아이는 비로소 진정한 학습의 즐거움과 성취감을 맛보게 된다.

한 줄 성적표로 결정된
인생의 함정

어머니는 원영이가 수학을 제일 좋아하고 잘 한다고 생각했다. 성적이 가장 잘 나오는 과목이 수학이었고, 아이가 수학을 싫어한다는 말을 하지 않았기 때문에 그렇게 믿고 이과를 선택하라고 했고, 나아가 의대를 목표로 정했다. 엄마의 판단에는 한 치의 오차도 없어 보였고 모든 게 논리적이었다.

수학 잘함 → 이과 → 의대. 더 바랄 게 없는 선택인 듯 보였지만, 그 선택의 과정엔 단 한 번도 '아이의 진짜 흥미'가 끼어들 자리는 없었다.

원영이는 고등학교 내내 착실하고 모범적인 학생이었다. 그는 단 한 번도 학원 수업을 빠지지 않았고, 정해진 시간에 자기주도 학습도 성실히 해냈다. 특히 수학 성적이 늘 우수했기 때문에 부모는 당연하다는 듯이 "우리 아이는 이과 체질이야"라고 확신을 가졌다. 입시 시즌이 다가오고 수시 전형을 준비하면서 자기소개서를 쓸 때도, 원영이의 의견보다는 부모의 생각이 모든 결정의 기준이 되었다. 부모는 이렇게 말했다.

"넌 공감 능력도 좋고, 손재주도 있고, 수학 성적도 우수하니까 의대가 제일 잘 어울려."

이 말에 원영이는 별다른 이의를 제기하지 않았고, 결국 지방 의대에 합격하게 되었다. 하지만 문제는 입학한 뒤에 드러나기 시작했다. 대학 입학 후 맞이한 해부학 실습 첫 주, 원영이는 갑자기 수업 중간에 뛰쳐나왔다. 얼굴은 하얗게 질렸고, 손은 눈에 띄게 덜덜 떨리고 있었다. 교수와 동기들은 "시간이 지나면 적응할 수 있다"고 위로했지만, 원영이는 시간이 흐를수록 수업에 들어가는 것 자체가 견디기 어려운 일이 되었다.

더욱 큰 어려움은 소통이었다. 환자나 보호자 앞에서 병에 대해 설명하거나 발표를 해야 하는 순간, 그리고 팀 회의나 실습 피드백 자리에서 원영이는 입을 굳게 닫을 수밖에 없었다. 말을 하려고 입을 떼는 순간부터 얼굴이 붉어지고 말이 엉키며 가슴이 심하게 뛰어올랐기 때문이다. 결국 한마디 말도 제대로 꺼내지 못했다.

돌이켜 보면 원영이는 어릴 때부터 말수가 적고 조용한 아이였다. 그는 자신의 감정을 표현하거나 긴 대화를 나누는 것을 본능적으로 어려워했다. 그러나 원영이가 수학 성적이 좋다는 사실에만 주목한 부모와 교사들은 이런 소통의 문제를 알아차리지 못했다. '수학을 잘하는 성적 좋은 아이'라는 표면적인 이미지가 원영이의 내면적 어려움을 완벽히 가려 버렸기 때문이다. 공교육 시스템 안에서 원영이는 '성공한 학생'이었다. 성적은 의대 진학을 허락했고, 누구도 그의 능력을 의심하지 않았다. 하지만 병원 실습이 시작되자 상황은 달라졌다. 환자와의 대화는 물론, 다른 과에 협진을 요청하고 조율해야 하는 과정, 일상적인 소통조차 버거운 과제가 되었고, 그는 끝내 그 자리를 버텨내지 못했다. 병원 실습 시작 2주 만에 자퇴를 선택할 수밖에 없었다.

성적이 적성과 흥미를 대변하지 않는다.

부모들은 흔히 이렇게 생각한다. 성적이 잘 나오는 과목이 곧 아이가 좋아하는 분야일 것이라고 말이다.

"성적이 잘 나오니까 당연히 좋아하는 줄 알았어요."

"정말 싫었으면 진작 말을 했겠죠."

하지만 아이들은 쉽게 입을 열지 않는다. 왜냐하면 어려서부터 자신이 의견을 내어도 바뀌지 않는다는 것을 경험으로 이미 알고 있기 때문이다. 더욱 심각한 문제는, 아이들이 성적이 높은 과목을 자신이 좋아하는 과목이라고 스스로 믿어 버리게 된다는 사실이다. 이런 믿음이 계속해서 반복되다 보면, 아이는 점점 더 자신의 진짜 감정과 흥미를 분리하고 잊어버리게 된다.

아이는 성적이 좋은 과목을 좋아한다고 스스로 설득하며, 내심 흥미를 느끼지 못해도 '내가 잘하니까 해야지'라는 생각을 갖게 되고, 시간이 흐를수록 이 감정의 혼란은 점점 더 깊어진다. 결국, 자신이 진짜 원하는 일이 무엇인지, 어떤 일을 할 때 진정으로 행복한지에 대한 감각은 사라지고, 그저 성적표에 찍힌 숫자만을 좇아 살아가는 사람이 되고 만다.

부모들이 아이에게 흔히 하는 말은 정해져 있을 때가 많다.

"성적이 잘 나오니까 이걸 선택하자."

"네가 하고 싶은 건 취미로만 하고, 대학 전공은 성적이 잘 나오는 걸로 해야지."

"성적도 안 나오는 걸 왜 하고 싶다고 해?"

이 같은 말은 아이의 감정을 마비시키고, 자신보다는 부모의 기대를 더 중요하게 생각하게 만들어 자신이 무엇을 진짜 좋아하고, 무엇을 잘할 수 있는지 깊이 고민할 시간조차 갖지 못하게 한다.

원영이는 의대를 자퇴한 이후에야 자신이 진정 원했던 것이 숫자와 논리적 구조가 아니라 사람들의 마음을 이해하고 표현하는 일이었음을 깨달아, 미술치료나 아동발달학과 같은 새로운 길을 모색하고 있지만 과연 부모가 새로운 선택을 받아들여 줄지, 이번에는 중도 포기 없이 잘해 나갈 수 있을지 하는 두려움과 걱정으로 머뭇거리고 있다.

성적표는 단지 얼마나 틀린 문제가 적었는지를 보여주는 숫자일 뿐, 그 숫자 뒤에 아이의 진짜 감정이 어떠했는지, 몰입감이 있었는지, 진심으로 기쁨을 느꼈는지에 대해서는 아무것도 알려주지 않는다. 진짜 중요한 것은 그 숫자 뒤에 숨겨진 아이의 이야기다. 부모는 성적을 보기 전에 아이가 공부하는 동안 어떤 표정이 있었는지, 그 과정을 통해 어떤 감정을 느꼈는지, 다시 해보고 싶은 마음이 드는지를 아이와 함께 깊이 고민하고 대화하면서 삶 전반에 튼튼한 에너지를 공급할 수 있는 진짜 흥미를 발견해야 한다.

공부를 못하니까 운동이나 시켜야지

정국이의 이야기는 초등학교 시절로 거슬러 올라간다. 그는 수업 시간에 선생님의 말을 제대로 따라가지 못했고, 집중력도 떨어져 자주 지적을 받았다. 담임 선생님은 "주의가 산만하다"는 표현을 자주 썼고, 부모는 걱정이 커졌다. 그러던 어느 날, 운동장에서 축구를 하며 활기차게 뛰어다니는 정국이의 모습을 본 아버지가 말했다.

"운동신경은 있네. 공부보다는 운동 쪽이 더 나은가 보다."

그 말은 곧바로 현실이 되었다. 중학교 진학과 동시에 정국이는 축구부에 들어갔고, 매일 훈련장을 오가며 본격적으로 운동선수의 길을 걷기 시작했다. 부모는 주변에 이렇게 말했다.

"공부는 아닌 것 같아서요. 운동이라도 제대로 시켜야죠."

하지만 기대와 달리 운동의 세계는 결코 만만하지 않았다. 중학교 축구부는 단순히 공을 차며 땀을 흘리는 활동이 아니라, 매 경기마다 바뀌는 전략을 이해하고 포지션별로 수행해야 할 역할을 숙지해야 하는 복잡한 팀 스포츠였다. 시합 전 브리핑 시간에는 감독이 전술을 설명하며 빠른 이해와 전략적 사고를 요구했고, 경기 중에는 팀원들과의 유기적인 협업이 필수였다. 정국이는 이런 흐름을 따라가는 데서 또 한 번 큰 벽에 부딪혔다.

"전략이 너무 복잡해서 잘 모르겠어요."

"감독님 말씀을 알아듣기 어려워요."

이렇게 털어놓을 정도로 그는 훈련보다 미팅이 더 힘들었다. 눈치껏 움직이고 흉내 내는 건 가능했지만, 실제 경기에서 빠르게 판단하고 움직여야 하는 순간에는 실수가 잦았다. 결국 그는 주전에서도 밀려났고, 운동에 대한 흥미마저 점차 사라져 갔다.

여기서 부모가 반드시 기억해야 할 사실이 있다. 운동 역시 '학습'이라는 점이다. 축구든 야구든 농구든, 모든 스포츠는 단순한 체력 싸움이 아니라 고도의 인지적 판단과 전략 이해, 즉 학습 능력을 바탕으로 성과를 내는 활동이다. 축구를 예로 들면, 상대 팀과 팀원의 움직임을 동시에 읽고, 팀 전술에 맞게 자신의 위치를 조정하며, 순간적인 판단으로 플레이를 이어가야 한다. 이는 단순한 재능이 아닌, 꾸준한 사고 훈련과 피드백, 집중력과 협업 능력이 뒷받침되어야 가능한 일이다. 다시 말해, 학습 능력이 부족한 아이에게 운동이 더 쉬울 거라고 생각하는 건, 운동이라는 세계를 너무 가볍게 보는 관점이다.

"공부가 안 되니까 운동이라도 시키자."

이 말은 겉보기에 실용적인 선택처럼 들리지만, 사실은 운동에 대한 이해 부족에서 비롯된 판단일 수 있다. 공부든 운동이든 결국은 자기 이해에서 시작해, 꾸준한 훈련과 실패를 견디는 힘, 그리고 올바른 피드백을 통한 성장이 필요하다. 성적이 낮다고 해서

곧장 운동으로 진로를 전환해 버리면, 아이는 두 번 실망할 수도 있다. 한 번은 공부에서, 또 한 번은 충분히 준비되지 않은 채 뛰어든 운동에서.

공부가 어렵다면 분명 다른 길을 모색해야 한다. 그러나 그 '다른 길'이 진정으로 아이가 좋아하고 몰입할 수 있는 길인지, 아이의 성향과 잠재력에 맞는 길인지, 부모는 충분히 살펴보고 질문해야 한다. 점수는 아이가 입시를 통과할 수 있을지를 말해줄 수는 있다. 그러나 그 길에서 오래 버틸 수 있을지, 지속 가능한 삶을 살아갈 수 있을지는 오직 흥미와 몰입만이 알려준다. 그러니 이제 성적표를 보기 전에, 아이에게 이렇게 물어보자.

"그거, 진짜 재미있었니?"

아이의 미래를 망치는
세 가지 교육 환상

아이보다 부모가 먼저 다닌 영어유치원

서진이는 다섯 살 때부터 유명한 영어유치원에 다니면서, 하루 종일 원어민 선생님과 영어로 말하는 일이 편안했다. 서진이는 영어 단어와 표현을 마치 놀듯이 습득했고, 집에서도 종종 "I want some water"라든지 "Let's play outside" 같은 짧은 문장을 말하곤 했다. 그 모습을 본 엄마는 대견함과 뿌듯함이 뒤섞인 마음으로 '이 정도면 초등학교 들어가서도 영어 걱정은 없겠다'는 안도감에 빠졌고, 속으로는 '앞서 나가는 교육'을 성공적으로 실현했다고 스스로를 칭찬했다.

그러나 현실은 기대와 달랐다. 초등학교에 입학한 후, 서진이는 자연스럽게 또래 한국 친구들과만 어울리게 되었고, 그 과정에서 영어를 사용할 기회는 거의 사라졌다. 언어는 반복과 환경이 핵심인데, 영어를 쓸 일이 줄어들자 서진이의 영어 실력은 급속도로 퇴보하기 시작했다. 1년쯤 지나자 그는 영어 단어 하나 외우는 것도 버거워하며, 영어 숙제를 앞에 두고는 짜증을 내거나 회피하려는 모습을 보였다. 당황한 엄마는 "영어유치원까지 다녔는데, 왜 이러는 걸까?"라고 되묻지만, 사실 이는 전혀 특별한 사례가 아니다.

교육부와 한국교육개발원이 공동으로 진행한 연구를 비롯해 다양한 국내외 연구들에 따르면, 유아기의 영어 교육이 장기적인 언어 능력 향상에 결정적 영향을 주지 않는다는 점은 이미 여러 차례 입증된 바 있다. 아이들은 언어 환경이 바뀌면 그 언어를 금세 잊어버리며, 심지어 영어권 국가에서 유아기를 보낸 아이라 하더라도 한국에 몇 달만 머물며 한국어 환경에 노출되면 영어 실력은 눈에 띄게 감소한다는 연구 결과도 존재한다.

더욱 중요한 문제는, 영어유치원이 영어를 '즐겁게 접하는 경험의 공간'이 아니라 '조기 경쟁의 출발점'으로 작동하게 될 때 나타난다. 아이가 영어라는 언어를 통해 세상을 넓게 바라보는 경험을 하기보다는, 단어를 외우고 교재 숙제를 해내는 성과 중심의 훈련에 내몰리게 되면 영어는 곧 부담의 언어로 각인된다. 그 순간부터 영어는 의사소통의 도구가 아니라 부모의 기대를 채우기 위한 시험 과목이 되고, 아이는 영어를 '해야 하는 일'로 받아들이면서 점차 거부감을 갖게 된다.

여기서 진짜 문제가 되는 건 영어유치원이라는 제도 자체가 아니다. 아이의 발달 속도, 흥미, 언어 습득의 자연스러운 흐름과는 무관하게, 단지 비싼 유치원에 다니는 것 자체를 교육적 성공이라 믿고 싶어 하는 부모의 인식, 그 근본에 깔려 있는 환상이 더 근본적인 문제다. 많은 부모들은 말한다.

"이 정도 투자했으면 결과가 있어야지."

"비싸도 애한테 좋은 거 해주고 싶은 게 부모 마음이잖아요."

말은 이렇게 하지만, 그 말 속에는 분명 아이에 대한 사랑이 담겨 있으면서도 동시에 '나는 이 정도 교육을 시켜주는 부모'라는 일종의 자부심과 허영이 교묘히 섞여 있다.

그런 심리는 쉽게 조급함으로 바뀐다. 아이가 알파벳을 정확히 기억하지 못하거나, 또래보다 단어 수가 부족해 보일 때면 불안해지고, 뒤처질까 봐 더 많은 학습지를 들이밀거나 반복 학습을 강요하게 된다. 하지만 그 조급함은 결국 아이에게 배움의 기쁨이 아닌, 부담의 고통을 안기게 되고, 아직 감각과 감정이 민감하게 발달 중인 유아기에 언어의 즐거움이 아닌 성취 중심의 압박을 경험하게 된 아이는 결국 언어 자체에 대한 흥미를 잃기 쉽다. 언어는 본래 사람과 사람을 연결하고, 감정을 표현하고, 세상을 이해하는 도구인데 어느 순간부터 아이에게 영어는 '틀리면 혼나는 과목', '성적을 위해 외워야 하는 지식'으로 전락하게 된다.

결국 아이는 영어라는 언어가 부담스러워지기 시작한다. 단어 외우기, 문장 만들기, 말하기 평가 같은 모든 학습 과정이 점점 스트레스가 되고, 항상 준비되어 있어야 하고 평가받는 과목이 되면, 아이는 더 이상 영어를 통해 친구를 만나고, 다른 문화를 접하고, 새로운 세상을 향해 꿈꾸는 일을 하지 않게 된다. 영어는 아이에게 더 이상 언어가 아니라, 성적을 위한 기술이자 부모의 만족을 위한 과업이 된다.

부모의 교육적 관심은 단순히 영어유치원에 얼마를 투자했느냐가 아니라, 아이가 그 시간 동안 무엇을 경험했으며 어떤 감정과 인식을 형성했는지에 초점을 맞춰야 한다. 아무리 비싼 커리큘럼과 훌륭한 환경, 원어민 교사가 갖춰져 있어도, 그것이 아이에게 진정한 배움으로 연결되기 위해서는 단순한 언어 습득을 넘어서는 더 깊은 교육적 경험이 동시에 이루어져야 하기 때문이다. 언어는 단지 말하기 능력을 기르기 위한 도구가 아니다. 다른 나라의 문화를 간접적으로 경험하고, 낯선 환경에서도 유연하게 적응하며, 외국인과 성숙하게 관계 맺는 글로벌 감각을 키워 가는 과정이다.

이런 관점에서 언어는 단순한 학습의 대상이 아니라 세계와 연결되는 창이며, 그 과정을 통해 아이는 타인과의 차이를 이해하고 다양한 삶의 방식을 존중하며 받아들이는 법을 배운다. 반대로, 아이가 흥미를 느끼지 못하고 충분히 이해하지 못한 채 억지로 이어지는 학습은, 결국 아이의 마음에 남지 않고 시간이 지나면 자연스럽게 사라질 수밖에 없다.

아이의 실력이 아니라 부모의 자존심을 위해 이루어진 영어 교육은, 시간이 흐른 뒤 아이의 어깨에 낯선 언어에 대한 부담과 거부감이라는 짐으로 되돌아온다. 영어유치원이라는 선택이 문제가 되는 것이 아니라, 그 선택이 아이의 흥미나 발달보다 부모의 기대와 체면을 우선시한 결과로 이어질 때 문제가 된다. 영어는 본래 세계와 소통하는 즐거운 도구가 되어야 하지만, 조급한 경쟁과 조기 성취에만 몰두하게 되면 아이에게 영어는 두렵고 불편한 언어로 남는다. 지금 필요한 건 얼마나 앞서 갔는가를 따지는 것이 아니라, 영어라는 언어가 아이에게 어떤 인식으로 남았는지를 돌아보는 일이다. 아이가 언젠가 영어를 다시 만나게 될 때, 그 언어가 부모의 기대가 아닌 자신의 꿈과 연결되려면 지금 우리가 걸음을 멈추고 되짚어보아야 한다.

선행학습, 그 치명적 부작용

다혜는 초등학교 4학년 때 수학과 과학경시대회에서 연달아 상을 받았다. 학교에서는 "얘는 확실히 이과 머리야!"라는 칭찬이 이어졌고, 엄마는 그런 평가에 만족하며 말했다.

"선행학습을 시키길 잘했지. 역시 미리 준비하는 게 답이야."

그때부터 다혜의 책상 위에는 늘 학교 진도보다 두 단계는 앞선 문제집이 놓였고, 학원도 하나둘 늘어났으며, 방학이면 오전부터 저녁까지 촘촘히 짜인 수업으로 하루가 가득 찼다. 아이는 시키는 대로 잘 따랐다. 무리하지 않고 잘 따라오니, 부모는 더 앞서 나가도 되겠다고 판단했다.

하지만 중학교에 들어서며 이상한 변화가 찾아왔다. 다혜는 어느 날부터 이런 말을 입에 달고 살았다.

"다 배웠던 건데 안 들어도 되겠다."

"대충은 아는 건데 또 배워야 해?"

"학교가 재미없어. 학원은 더 재미없어. 2년 전에 다 한 건데 뭐."

"새로운 게 있어야 공부하지."

수업이 마치 복습처럼 느껴졌고, 집중은 잘되지 않았다. 머리로 외워둔 개념은 있었지만, 스스로 정리하거나 응용해 보는 능력은 부족했다. 그 간극은 시간이 갈수록 커졌고, 고등학교에 진학한 후 1학기 중간고사에서 처음으로 하위권 성적을 받았을 때, 다혜는 조용히 말했다.

"그동안은 그냥 여러 번 본 거라 잘했던 거였어요. 생각해서 풀어야 하는 문제는, 어떻게 해야 할지 모르겠어요."

선행학습을 시키는 많은 부모는 이렇게 말한다.

"지금 앞서 나가면, 나중에 편하겠지."

"요즘은 선행 안 하면 뒤처진다니까요."

하지만 바로 그 생각이, 아이를 가장 먼저 무너뜨리는 시작점이 되기도 한다. 선행학습은 본래 '아직 배우지 않아도 되는 내용'을 미리 익히는 공부법이다. 반복적으로 주입되다 보면, 아이는 '이미 아는 내용이 또 나오는' 수업에 흥미를 잃게 되고, 새로운 지식을 만날 때의 긴장감이나 도전 의식 또한 무뎌진다. 그렇게 학습의 자극은 점점 사라지고, 머릿속에 채워진 개념은 있지만 손끝으로는 다뤄 보지 못한 지식들만 남는다. 결국 중등 이후, 사고력과 자율성이 요구되는 시점에서 벽에 부딪히게 되고 만다. 그런데도 부모는 이렇게 되묻는다.

"왜 선행했는데 성적이 떨어져?"

"그럼 다시 앞 단계부터 더 확실히 잡고 가자."

이렇게 해서 아이는 끝없는 선행 루프에 갇힌다. 초등학교 시절의 성공 경험에 발목 잡힌 채, 자율성과 사고력 대신 반복 학습과 오답 노트만이 남는다. 점점 배움은 의미를 잃고, 공부는 '먼저, 많이 풀면 된다'는 기계적인 작업으로 전락한다.

다혜처럼 초등학교 시절 경시대회를 휩쓸던 아이가 중·고등학교에 올라가며 주저앉는 경우는 드물지 않다. 그런데도 부모는 여전히 말한다.

"선행 덕분에 초등 때는 잘했잖아요. 중학교도 미리 하면 괜찮아질 거예요."

정말 그럴까?

경기도교육청 산하 연구기관의 조사 결과에 따르면, 선행학습을 한 학생들은 평균 성취도는 높지만 교과에 대한 흥미와 수업 태도는 오히려 비선행 학생보다 낮은 수준으로 나타났다. 즉, 앞서 나간 만큼 점수는 올라갈 수 있지만, 정작 중요한 배움에 대한 태도는 약해진다는 뜻이다. 실제로 교사 2명 중 1명 이상인 54%의 교사들이 "선행학습은 수업 태도에 부정적인 영향을 준다"고 응답했다. 이는 교실 현장에서 이미 선행학습의 부작용이 뚜렷하게 나타나고 있다는 방증이다.

국내 논문 9편을 종합 분석한 결과 역시, 선행학습의 효과는 거의 없다는 결론이 지배적이었다. 특히 수학 선행학습은 고차사고력과 창의력을 오히려 떨어뜨리는 원인으로 지적되며, 일부 전문가들은 이를 "공부가 아니라 구경 학습(Watching learning)"이라고까지 표현했다. 이 모든 결과는 우리에게 중요한 사실을 알려준다. 선행학습은 일시적으로 점수를 올릴 수 있지만, 장기적으로는 아이의 자율성과 내적 동기, 그리고 배움 자체에 대한 태도를 약화시킨다는 점이다. 더불어 그 효과조차 학문적으로 명확히 입증된 바가 없다.

그렇다면, 이 악순환에서 벗어나기 위해 부모는 어떤 관점을 가져야 할까?

첫째, 선행학습을 '정답'처럼 단정하지 말아야 한다. 선행은 어디까지나 하나의 도구일 뿐이며, 아이의 성취감 없이 반복된 암기와 문제 풀이에만 노출되면 결국 배움의 흥미와 자율성을 잃게 된다.

둘째, 아이의 현재를 보지 않고 과거 성과에만 매달리는 태도를 경계해야 한다. "초등 땐 잘했잖아. 그때처럼 해봐"라는 말은 지금의 문제를 외면한 채, 아이를 과거에 묶어두는 것과 같다. 그 결과 아이는 '나는 예전만 못해'라는 무기력에 빠지기 쉽다.

셋째, 선행으로 아이의 학습 수준을 과대평가하지 않아야 한다. 문제를 푼다는 것이 곧 개념을 완전히 이해했다는 뜻은 아니다. "애는 원래 잘하던 애야"라는 부모의 인식은 아이로부터 질문할 기회와 도전할 권리를 빼앗는다. 아이는 실수하면 혼날까 봐 입을 다물게 되고, 점점 스스로 탐구하고 표현하는 힘을 잃는다.

넷째, 아이의 실패를 단순히 의지 부족으로 치부하지 말아야 한다. 성적이 떨어졌을 때 "열심히 안 해서 그렇지"라고 단정하는 순간, 아이는 자신의 노력보다 결과만을 중요하게 여기게 된다. 결국 '나는 안 되는 애'라는 자기 낙인이 자리 잡고 만다.

선행학습은 본래 '준비'를 위한 것이지만, 그 방향이 아이를 압박하고 조급하게 몰아가는 방식으로 변질될 때, 배움은 의미를 잃고 학습은 고행이 된다. 지금 우리에게 필요한 건 더 빠른 진도가 아니라, 더 깊은 이해다. 더 많은 문제 풀이가 아니라, 더 오래 남는 감정과 사고의 흔적이다. 진짜 배움은, 아이가 자신만의 속도로 세상을 이해하고 받아들이는 그 느리고 단단한 시간 속에 존재한다.

고3이 된 아이보다, 더 고3처럼 사는 부모들

"올해는 아이가 고3이라서 아무것도 못 해요."

"모임요? 못 가요. 아이가 오는 저녁 시간에는 무조건 집에 있어야 하거든요."

"요즘은 잠도 잘 못 자요. 아침에 데려다주고 밤에 또 데리러가야 해서요."

"술도 못 마셔요. 애가 공부 중인데, 내가 술 냄새 풍기면 절대로 안 되죠."

"여행은 꿈도 못 꿔요. 어디 가겠어요, 애가 고3인데."

요즘 아이가 고3이면, 부모도 함께 고3이 된다. 어쩌면 더 열심히 사는 건 아이보다 부모일지도 모른다. 심지어 아이보다 더 긴장하고, 더 불안하고, 더 절박하게 하루하루를 살아간다. 그러나 이 과잉된 헌신은 결국 아이에게 전혀 도움이 되지 않는다.

"공부만 하면 돼"라는 말은 부모에게는 자녀를 향한 단순한 격려일지 모르지만, 아이에게는 무서운 착각으로 다가온다. 아이는 '나는 고3이니까 공부만 하면 되고, 나머지는 엄마 아빠가 당연히 다 해줘야 한다'는 생각을 하게 되고, '내가 대학을 못 가면 부모의 고생이 모두 헛수고가 된다'는 식의 심리적 압박까지 떠안게 된다. 결국 공부는 자신의 미래를 위한 행위가 아니라, 부모를 감동시키기 위한 수단으로 변질된다.

아빠는 야근을 하지 않고, "애 자는 시간엔 꼭 있어야 하니까"라며 퇴근을 서두르고, 엄마는 친구들과의 저녁 약속을 모두 끊으며 "고3인데 내가 나가서 놀면 안 되지"라며 스스로를 제한한다. 가족여행 계획은 몇 년째 취소되고, 다른 형제자매는 고3이라는 이유로 가족의 일상이 모두 멈춘 것에 불만을 품기 시작한다. 그런 가운데 아이는 점점 더 많은 배려를 당연하고 자연스럽게 요구한다.

이렇게 부모가 고3의 삶을 함께 떠맡기 시작하면, 아이는 단지 편해지는 것이 아니라 정말 중요한 것들을 조금씩 놓치게 된다.

처음에는 부모의 관심과 도움이 고맙고 위로가 될 수 있다. 하지만 그 시간이 길어지고 깊어질수록, 아이는 어느 순간부터 그것을 '배려'가 아닌 '전제'로 받아들이게 된다. 문제는 여기서부터 시작된다.

첫째, '누군가 나를 위해 희생하는 것이 당연하다'는 권리의식이 생긴다. 고3이라는 이유로 부모가 밥을 차리고, 깨워주고, 학원에 데려다주며 생활 전반을 대신 조율해 주면, 아이는 점차 그것을 '사랑'이 아닌 '기본권'처럼 받아들인다. "이 정도는 당연히 해줘야지"라는 태도가 자리 잡으며, 배려와 돌봄을 '주는 것'이 아니라 '받는 것'만 배운다. 그 결과, 입시가 끝난 뒤에도 여전히 가족의 도움을 기대하고, 자율적으로 생활을 관리하거나 스스로를 돌보려는 태도가 약해진다.

둘째, 위기 상황이 올 때마다 가족 전체를 자신의 문제에 동원하려는 태도를 갖게 된다. 입시뿐 아니라 이후의 중요한 시험, 면접, 과제 등의 순간마다 또다시 "지금은 내가 중요한 시기니까"라는 명분을 내세워 가족을 통제하려 한다. 이는 단순한 권리의식과는 다르다. 아이는 자신이 무언가에 집중할 때는 주변 사람들도 함께 긴장하고 희생하는 것이 당연하다고 여긴다. 이렇게 '가족 전체의 감정과 일상을 자신에게 동원할 수 있다'는 경험은, 책임보다 요구를 앞세우는 비대칭적 관계 감각을 고착시킨다.

셋째, 스스로 스트레스를 조절하고 감정을 다스리는 능력이 자라나지 않는다. 고3이라는 시기는 본래 자신 안의 근력과 회복 탄력을 키워야 하는 시기다. 하지만 부모가 감정부터 환경까지 모든 것을 먼저 정리해 주면, 아이는 스트레스와 위기 앞에서 자기 힘으로 균형을 잡는 법을 배우지 못한다. 작은 실패에도 쉽게 무너지고, 감정의 파도에 휩쓸리며, 자신의 기준보다 타인의 반응을 먼저 의식하게 된다. 결국 공부가 끝나도 삶은 불안정한 감정에 휘둘리기 쉽다.

고3을 단지 입시를 위해 사는 시기라고만 생각하지는 말자. 아이가 공식적인 압박과 고통의 시간에서 자신을 세우기 위한 훈련 과정의 출발점임을 기억하자. 당연한 말이지만 부모가 그 훈련을 대신 받아주면, 아이는 발전할 기회를 놓친다. 단기적으로는 편해 보일 수 있다. 하지만 장기적으로는, 아이는 의존에 익숙해지고, 자기 삶의 주도권을 놓친 채, 누군가의 희생을 전제로 살아가는 사람으로 자라나게 된다. 그리고 그때 부모가 깨닫게 될 것이다.

"그땐 내가 너무 모든 걸 해주었구나."

지금 아이에게 필요한 건, 부모의 지나친 개입이 아니라, 아이가 실수하고 흔들리더라도 자기 힘으로 다시 서보도록 기다려주는 용기다. 고3의 진가는 그럴 때 발휘된다.

공부는 성적이 아니라 '살아가는 힘'을 기르는 일이다

한때는 학교 성적만 좋으면 인생이 풀리던 시대가 있었다. 이름 있는 대학을 나오면 취업도 되고, 승진도 자연스럽게 따라오던 시절이었다. 반대로 공부에 뜻이 없거나, 이른바 '별 볼일 없는 대학'에 진학한 사람은 단순노동이나 누구나 할 수 있는 일을 하며 살아갈 수밖에 없었다. 그러나 세상은 눈 한 번 감았다 뜨는 사이에도 바뀌고 있는데, 문제는 부모가 자녀의 공부와 성적을 바라보는 시선이 아직도 컴퓨터가 발명되기도 전의 사고방식에 머물러 있다는 점이다.

여기에서 하려는 말은 "공부 못해도 괜찮다"는 위로가 아니다. 지금 우리가 진지하게 고민해야 할 것이, 왜 공부를 해야 하는지, 공부의 목적이 무엇인지 다시 생각해 보자는 이야기다.

오늘날의 공부는, 아이들이 앞으로 맡게 될 일과 역할을 잘 수행하기 위해 생각하고, 문제를 해결하며, 자신을 성장시키는 연습이자 훈련의 과정이다. 즉, 공부는 결과가 아니라 과정이라는 점에 집중할 필요가 있다.

공부가 과정이라면, 부모의 역할은 결과를 평가하고 단정짓는 심판이 아니라, 환경을 조성하고 정서적으로 지원하는 조력자여야 한다. 세상은 시간 단위, 아니 어쩌면 초 단위로 변화하고 있다. 기술은 쏟아지듯 등장하고, 우리가 사용하는 도구와 기계는 끊임없이 업그레이드된다. 의사는 매년 수백 개의 새로운 의학 정보를 업데이트해야 하며, 외식업 종사자는 고객의 입맛에 맞춰 새로운 메뉴를 개발해야 한다. 교사도 해마다 달라지는 학부모와 학생의 요구에 따라 수업을 유연하게 바꾸어야 한다. 이처럼 어떤 직업이든, 학교에서 배운 지식만으로 평생을 살아갈 수 있는 시대는 이미 끝났다. 그리고 우리 아이들은 평균 수명이 길어진 시대에 태어나 더 오래 일하고, 더 오래 배우며, 살아가야 하는 운명을 타고났다.

그렇기에 지금 부모는 조력자로서 '우리 아이 성적이 얼마나 좋은가'가 아니라, '이 아이가 앞으로 얼마나 오래, 스스로 배우고 성장시킬 수 있는 사람인가'라는 물음에 답을 함께 찾아야 한다. 무엇이든 두려움 없이 배우고, 새로운 것을 받아들이는 데 익숙한 태도야말로 오늘날 가장 강력한 생존력이기 때문이다. 다시 말해, 부모가 자녀에게 진짜로 길러줘야 할 것은 눈앞의 점수를 위한 공부가 아니라, 배움을 즐기고 성장을 지속하려는 내면의 힘이다.

이를 위해, 현명한 부모는 이렇게 한다.

첫째, 아이의 강점과 관심사를 객관적으로 관찰한다.

부모는 무작정 "넌 이것도 못 하니?"라고 다그치지 않는다. 대신, 아이가 시간 가는 줄 모르고 몰입하는 일은 무엇인지, 어떤 주제에 대해 자주 이야기하고, 실패해도 다시 도전하는 일이 무엇인지를 세심하게 지켜본다. 그 관찰을 바탕으로 아이와 대화를 나누면, 아이는 자신이 좋아하고 잘하는 것이 무엇인지 점점 더 분명하게 알게 된다.

둘째, 공부를 '의무'가 아닌 '재미'로 연결해 준다.

공부가 늘 즐거울 수는 없지만, 공부가 삶을 위한 준비라는 인식을 가지도록 돕는 것은 부모의 몫이라고 생각한다.

"공부는 원래 다 하기 싫은 거야."

"대학만 가면 공부 안 해도 돼."

"취업하면 공부는 끝이야." 같은 말은 절대로 하지 않는다. 그 말은 부모가 책임질 수 있는 약속이 아니기 때문이다. 그보다는 "이걸 배우면 어디에 쓸 수 있을까?", "너는 이런 방식으로 공부할 때 성과가 좋더라"와 같은 말로 아이의 내면에서 자율적인 학습 동기를 자극한다.

셋째, 결과보다 과정을 칭찬한다.

과정을 제대로 칭찬하기 위해서 부모는 점수보다 성실함, 책임감, 창의적인 문제 해결에 주목한다. 계획을 세우고 지킨 것, 실패 후에도 다시 시도한 것, 남들과는 다른 방식으로 문제를 푼 것. 이 모든 것이 공부를 통한 진짜 성장의 증거이며, 충분히 칭찬받아야 할 일이라는 것을 알고 다음 과정이 더 벗질 수 있도록 격려한나.

요즘은 최고의 대학에 들어가고도 방 안에서 나오지 못하는 아이, 명문 기업에 취업하고도 조직 문화에 적응하지 못 해 퇴사하는 아이가 드물지 않다. 공부와 성적의 진짜 목적을 제대로 이해하지 못한 부모로 인해, 지금도 우리 사회 곳곳에서 벌어지고 있는 지극히 평범한 비극이다. 이러한 되돌릴 수 없는 아픔이 우리 아이에게 일어나지 않도록 이제는 "공부해서 뭐가 되라"는 말보다, "공부를 통해 어떤 사람이 되길 바라느냐"는 목표를 향해 나아갈 때다.

Chapter

③

오해로
키우는
중입니다

천재 프레임에 갇힌
아이의 불행

　태호 부모는 아이가 또래보다 빨리 말을 시작했다는 이유로 "얘는 언어 천재야"라고 확신했다. 초등학교 저학년 시절, 한자 급수를 따내자 "역시 머리가 남다르다"고 칭찬했고, 독서대회에서 상을 타면 "글 쓰는 재능이 있어"라며 자부심을 숨기지 않았다. 처음에는 이 모든 표현이 아이에 대한 사랑과 기대의 또 다른 방식처럼 보였다. 그러나 시간이 흐르며 '천재'라는 말은 단순한 칭찬을 넘어, 태호를 바라보는 부모의 고정된 렌즈가 되었다. 그 렌즈를 통해서만 아이를 보게 되자, 태호의 행동 하나하나가 과도하게 해석되었고, 부모의 판단과 반응도 그 틀에 맞춰 결정되기 시작했다. 작은 실수는 "천재라서 산만한 거야"로, 또래와의 갈등은 "얘가 너무 뛰어나서 질투를 받은 거야"로 설명되면서, 태호는 점점 '있는 그대로의 자신'이 아닌 '부모가 믿고 싶은 모습'에 갇혀 살게 되었다.

부모의 대부분은 아이의 성장 초기에 빠른 발달을 보고 특별함을 느낀다. 아기가 빠르게 뒤집고, 빠르게 걷고, 또래보다 먼저 말을 하면 '혹시 우리 아이는 뭔가 다르지 않을까?'라는 생각을 하게 된다. 하지만 시간이 흐르면서 아이가 평균적인 발달 속도로 돌아오고, 그 또한 정상이라는 사실을 힘들지만 받아들인다. 반면 일부 부모는 초창기의 우연한 성취나 단발적인 재능을 지나치게 확대 해석하고, 그 기억에 사로잡혀 오랜 시간 아이를 '천재'로 여긴다. 이때부터 아이는 현실의 성과나 모습과는 무관하게, 부모가 만든 이미지 안에서 살아가야 하는 부담으로 성장한다.

초등학교 시절까지는 부모의 '천재 프레임'이 큰 충돌 없이 유지되는 경우가 많다. 태호처럼 학교 성적이 준수하고, 글쓰기나 말하기 같은 특정 영역에서 두각을 나타내는 일이 반복되면, 주변의 칭찬은 부모의 믿음에 더욱 힘을 실어준다. 그렇게 '우리 아이는 특별하다'는 생각은 점점 확신으로 굳어진다.

하지만 중학교에 들어서면서 상황은 서서히 달라진다. 과목이 세분화되고 학습량이 급격히 늘어나면서, 아이는 자연스럽게 낯선 과제와 더 복잡한 개념, 치열한 경쟁에 직면하게 된다. 노력해도 원하는 결과가 나오지 않거나, 친구들과 갈등을 겪는 일이 잦아지기도 한다. 이처럼 현실적인 어려움 앞에서 아이가 당황할 때, 부모는 상황을 함께 직면하고 조언하거나 감정을 공감하기보다는, 이전의 믿음을 유지하려는 쪽으로 반응한다.

"우리나라 교육 시스템이 애랑 안 맞는 거야."

"선생님이 애를 몰라서 그래"와 같은 말로 문제의 원인을 외부로 돌리면서 말이다.

이런 반응은 아이가 자신이 처한 문제를 차분히 돌아보고, 어떻게 극복할 수 있을지 고민해 보는 기회를 빼앗는다. 그러다 보니 점점 상황이 안 좋을 때마다 '내가 잘못한 게 아니라 외부 탓일 거야'라는 식의 해석에 익숙해지고, 결국에는 스스로 문제를 직면하기보다는 피하려는 태도가 몸에 배게 된다. 또 자신에게 들어오는 모든 피드백을 '부정적 평가'가 아닌 '부당한 공격'으로 받아들이게 만들어 점점 비판에 민감해지고, 실수나 실패를 외면하거나 변명으로 대응하는 습관을 갖게 된다.

중요한 것은, 이 시기의 아이는 아직 자기 개념이 형성되는 과정에 있다는 사실이다. 그런데 부모가 반복해서 "넌 특별해.", "넌 원래 잘하는 아이야"라고 말하고, 어려움이 생겨도 "그건 네 탓이 아니야, 환경이 문제야"라며 아이를 감싸기만 하면, 아이 역시 그런 시선으로 자신을 바라보기 시작한다. '나는 부모가 말하는 대로 천재고, 뭔가 잘 안 풀릴 땐 남들이 문제인 거야'라는 확신이 마음속 깊이 스며들게 된다. 그렇게 아이는 자기 객관화보다는 자기 이상화에 익숙해지고, 현실을 있는 그대로 받아들이는 힘은 점점 약해지게 된다.

고등학교에 들어서며 이 왜곡은 더 깊어진다. 성적이 평균 이하로 떨어져도, 부모는 원인을 외부에서 찾는다.

"시험이 이상하게 나왔다."

"선생님 스타일이 애랑 안 맞는다."

"애가 너무 앞서 있어서 지루해한다."

이처럼 모든 것을 아이 중심으로 과잉 해석하는 태도는, 아이가 자신의 문제를 객관적으로 바라보는 시야를 빼앗는다. 동시에 타인의 감정이나 입장을 이해하려는 시도조차 줄어든다. 조별 과제를 꺼리면서 "쟤네랑은 수준이 안 맞아서"라고 말하고, 친구와의 마찰을 "쟤가 나한테 열등감 느껴서 그런 거야"라고 넘긴다. 공감 능력, 갈등 조정력, 자기 통찰력은 자라지 못하고 정체된 채 남는다.

그 결과, 아이는 성인이 되어 사회에 나갔을 때, 더 큰 혼란과 마주한다. 사회는 더 이상 그 아이가 천재였는지 아닌지에 관심이 없다. 조직이 묻는 것은 단 하나다. 맡은 자리에서 실제로 어떤 성과를 내고 있는지, 협업을 통해 조직의 결과에 얼마나 기여하는지, 그리고 피드백을 수용해 자신의 일을 어떻게 개선하고 변화시키는지다. 그런데도 부모가 심어준 '넌 특별하니까 틀릴 수 없다'는 생각에 사로잡힌 아이는, 직장에서의 비판이나 조언을 공격으

로 받아들이고, 협업 과정에서 마찰이 생기면 감정적으로 반응한다.

상사의 피드백에 "날 무시하는 거야?"라는 방어적인 태도를 보이거나, 프로젝트에서 실수가 생기면 "이건 내가 원했던 업무가 아니었어요"라며 책임을 회피한다. 팀원과의 갈등 속에서는 "이 회사는 나를 받아줄 크기가 아니네"라며 자기 합리화를 반복하다가 결국 조직 속에서 고립된다. 실패를 성장의 기회로 받아들이기보다, 자신의 정체성을 위협하는 모욕으로 받아들인 탓이다.

아이는 '천재'가 아니라, 세상과 부딪히고 실수하며 조금씩 성장해 가는 '현실의 사람'으로 자라야 한다.

부모가 아이를 특별하게 여기고, 그 가능성에 기대를 거는 마음 자체는 분명 따뜻하고 자연스러운 감정이다. 문제는 그 기대가 아이의 실제 역량이나 경험과는 동떨어진 채, 일종의 고정된 이미지로 굳어질 때 생긴다. 그렇게 만들어진 '천재 프레임'은 아이가 스스로를 있는 그대로 바라보는 기회를 앗아가고, 세상과 건강하게 연결되는 길을 차단해 버린다. 성장기의 아이는 실수도 하고, 사람들과 어긋나기도 하며, 모르는 것을 하나씩 배워 가며 자신만의 방식으로 세상을 익혀야 한다. 그런데 부모가 "넌 원래 잘하는 아이야", "이건 너한테 너무 쉬운 일이야"라는 말을 반복하는 순간, 아이는 완벽해야 한다는 압박 속에서 진짜 성장의 기회를 놓치게 된다. 겉으로는 당당해 보일지 몰라도, 내면에서는 틀리거나 실수하는 자신을 받아들이지 못한 채 점점 불안해지고 위축된다.

진짜 특별한 아이란, 실수해도 스스로를 부끄러워하지 않고, 모르는 것을 배우는 데 거리낌이 없으며, 다른 사람과 함께하면서도 자기만의 목소리를 잃지 않는 아이다. 그런 힘은 단단한 자존감과 자기 이해에서 비롯되는데, 그 기반은 완벽한 사람이 되는 데서가 아니라, 불완전한 자신을 그대로 받아들이는 데서부터 시작된다.

부모가 던진 '천재'라는 말 한마디는 아이에게 자신감을 줄 수도 있지만, 동시에 스스로를 돌아볼 수 없게 만드는 거울이 될 수도 있다. 그 거울에 갇혀 있는 한, 아이는 자신이 누구인지, 무엇을 진짜 원하고 무엇을 할 수 있는 사람인지 알 수 없다. 결국 부모가 덧씌운 틀은 보호막이 아니라, 아이의 가능성을 가두는 유리

벽이 되고 만다. 그러니 아이가 현실에서 단단하게 설 수 있도록, 부모의 기대와 욕망이 덧씌워진 아이가 아니라, 아이 본연의 모습을 바라보는 법부터 다시 배워야 한다.

잘나야 사랑받는 것이 아니라, 있는 그대로 존중받을 수 있다는 경험이 아이를 성장시킨다. 부모가 아이를 특별하게 만드는 것이 아니라, 아이가 자신의 삶을 직접 살아내며 그 안에서 특별해져야 한다. 그게 진짜 성장이고, 진짜 교육이다.

누구랑 비교하느라,
아이를 놓쳤나

구슬이 엄마는 습관처럼 말했다.

"옆집 민수는 하루에 영어 단어 100개씩 외운대."

"사촌 은지는 중학교 때 벌써 고등수학 풀었어."

"니 친구 수연이는 봉사활동 다 채우고, 독서록도 열 권 넘게 썼다더라."

이 말들의 겉뜻은 정보 공유처럼 보이지만, 그 속에는 분명한 뜻이 숨어 있다.

"너도 그렇게 해야 한다. 그런데 왜 넌 못하니?"

이런 비교는 단지 한순간의 멘트가 아니라, 일상의 언어로 스며들어 있다. 아침에 등교 준비를 하면서, 저녁에 학원 숙제를 보면서, 혹은 주말 가족 모임에서 돌아오는 차 안에서. 부모는 의도하든 의도하지 않든 계속해서 아이에게 신호를 보낸다.

"지금 너는 기준 미달이다."

비교의 대상이 또래 친구일 때는 그나마 덜하다. 하지만 형제나 친척이 언급되는 순간, 아이는 더 깊은 상처를 입는다.

"오빠는 너보다 말도 빨랐고, 책도 잘 읽었어."

"이모네 민재는 지 알아서 공부 다 하던데, 넌 왜 그래?"

"언니는 엄마 아빠 말을 잘 듣는데, 너는 왜 그 모양이니?"

"네가 우리 집에서 제일 게으른 사람이야."

이런 말은 아이를 단순히 부족한 존재로 만드는 것을 넘어, 가족 안에서 자신의 위치와 존재감을 불안하게 만든다. 사랑을 받기 위해 성과를 내야 하고, 사랑을 유지하려면 늘 누군가보다 나아야 한다는 조건이 붙는다.

그 결과, 아이는 자신을 있는 그대로 인정받을 수 없다고 믿게 된다. '나는 원래 부족한 사람', '나는 아직도 멀었다'는 고정된 자아 이미지가 서서히 자리 잡는다.

경호는 고등학교 1학년이다. 학교생활도 무난하고, 성적도 중상위권이다. 하지만 상담 내내 눈을 자주 깔고, 말을 아꼈다. 가만히 들어보니, 경호의 모든 자기평가에는 '형'이 매번 등장했다.

"형은 저와 같은 나이에 수학경시대회도 나갔어요."

"형은 매일 새벽 5시에 일어나 공부하는데, 난 그게 잘 안 돼요."

"엄마가 늘 그래요. 형처럼 되려면 아직 멀었다고요."

경호는 형의 존재를 목표가 아니라 벽처럼 느끼고 있었다. 자신의 노력과 성과는 늘 형의 그림자 속에 가려졌고, 그에 비해 부족하다는 사실만이 더 크게 각인되어 있었다. 무엇을 해도 '형이라면 더 잘했을 거야'라는 말이 따라붙었고, 그 말은 경호의 삶 전체를 평가하는 기준이 되어 버렸다.

반대 경우도 있다.

비교를 당하긴 하지만, 그 비교가 누군가보다 '낫다'는 방향일 때.

"그래도 넌 수연이보단 낫지 않아?"

"너랑 같이 학원 다니는 애는 아직도 3단원이더라."

"이모 아들 민재는 아무것도 안 하고 게임만 하는데."

이 경우 아이는 일시적인 위안을 얻을 수 있다. 그러나 문제는 그 위안의 방식이다. 자신의 성장이나 개발의 정도를 기준으로 삼는 대신, 타인이 실패하거나 뒤처졌다는 사실로 자기 가치를 판단하게 된다. 그 결과, 아이는 타인의 상태에 과도하게 민감해지고, 누군가 자신보다 앞서는 순간 쉽게 흔들리는 불안정한 우월감에 사로잡힌다. 문제는 이렇게 자주 반복되는 비교가 아이의 정체성을 서서히 무너뜨린다는 점이다.

사회비교이론(Social Comparison Theory)에 따르면, 사람은 타인과의 비교를 통해 자아 개념을 형성한다. 초등학교 6학년 희연이는 매번 반에서 1~2등을 놓치지 않는다고 과연 자존감이 높은 아이일까? 아니다. 희연이는 옆자리 지수가 1등을 했다는 소문만 들어도 집에 와서 울음을 터뜨리고, "나는 아무것도 아니야"라고 말한다. 타인보다 조금만 뒤처졌다는 사실 하나만으로 자신의 존재 전체를 부정하기 일쑤다. 이처럼 비교가 반복되고, 지속적으로 '열세'에 놓이거나 인위적인 우월감을 기반으로 할 경우, 아이는 건강한 자기 동일감(시간이 지나도 비교적 일관되게 유지되는 자기 인식)을 형성하지 못한 채 내면의 불안만 누적시킨다.

2024년 한국청소년정책연구원의 발달심리학 연구에 따르면, 초등 고학년에서 중학생 사이의 자녀가 가정 내에서 반복적으로 비교를 경험할 경우, 정서적 안정감과 자기 정체성의 일관성 형성이 현저히 저해되는 것으로 나타났다. 이처럼 비교 환경에 지속적으로 노출된 아이는 자신의 성과를 '내가 얼마나 성장했는가'가 아니라, '누구보다 얼마나 앞섰는가'로 해석하게 된다. 이런 사고는 인간관계를 지속적인 경쟁의 구도로 만들어버린다. 친구의 성취는 기쁨이 아닌 불안의 원인이 되고, 연인과의 관계에서도 '내가 부족하면 사랑받지 못할 것'이라는 강박이 따라붙는다. 이 아이에게 세상은 협력의 공간이 아니라, 끊임없는 비교와 불안의 전시장처럼 보인다.

또한 비교는 아이의 내면에 분열을 만든다. 겉으로는 괜찮은 척, 잘 지내는 척 자신을 포장하지만, 속으로는 끊임없이 '나는 왜 이 정도밖에 안 되지?'라는 생각에 시달린다. 친구 앞에서는 웃고 떠들며 자신 있는 척 행동하지만, 혼자가 되는 순간에는 기운이 빠지고, 불안과 무력감이 밀려든다. 심리학에서는 이런 상태를 '인지부조화(cognitive dissonance)'라고 설명한다. 이는 자신이 믿는 가치와 실제 느끼는 감정, 혹은 보여주는 태도 사이에 충돌이 생길 때 발생하는 심리적 긴장이다. 겉으로는 자신감 있는 사람처럼 보여야 한다는 압박, 하지만 내면에서는 여전히 비교 속에서 자란 결핍감이 들끓는 상태. 이 괴리가 클수록 감정을 안정적으로 다루기 어려워지고, 결국 자기 자신에 대한 신뢰는 물론, 자기를 향한 안정된 애착과 확신도 점점 무너진다.

비교는 우리가 추측할 수 있는 범위를 벗어나, 아이로 하여금 자신의 삶을 스스로 설계하지 못하게 만든다. 선택은커녕, 누군가의 기대에 맞추느라 바쁜 존재로 전락시킨다.

"나는 뭘 하면 행복할까?"라는 질문은 사라지고, "이걸 하면 세상 사람들이 나를 우러러볼까?"라는 물음만 남는다. 부모의 기대나 타인의 기준에 따라 전공을 고르고, 진로를 선택하며, 자기 내면의 끌림이나 열정을 외면한 채 '칭찬받는 삶', '인정받는 삶'을 좇는다. 그러나 그런 삶은 오래가지 못한다. 왜냐하면 그것은 자신의 것이 아니기 때문이다. 결국, 아이는 미래에 반드시 회한과 후회로 삶을 다시 돌아보게 된다.

아이를 이렇게 만들지 않으려면, 부모가 먼저 해야 할 일이 있다. 지금 내 아이를 누구와 비교하고 있는지 돌아보기 바란다. 그 비교가 정말 필요했던 말이었는지, 아니면 나의 실망과 불안을 돌려 말한 건 아닌지, 그런 자기 점검부터 시작해야 한다.

아이를 키운다는 건, 누군가보다 더 잘하게 만드는 일이 아니다. 그 아이만의 속도와 방식으로 살아갈 수 있도록 옆에서 지지하고 기다려주는 일이다. 비교는 동기부여가 아니다. 그것은 내면의 방향감각까지 잃게 만드는 유해한 언어다. 사랑을 표현한다고 착각한 그 말이, 아이에게는 증명해야만 얻을 수 있는 조건으로 작동하고 있을지도 모른다.

늦지 않았다. 오늘부터, 비교하는 말버릇을 점검하자.

아이를 '누구보다'가 아니라, 아이 그 자체로 바라보는 것, 그것이 진짜 양육의 기본이다.

작은 세계에 갇힌
큰 불안

화영이 부모는 언제나 이렇게 말해왔다.

"가족이 최고야."

"밖은 위험한 곳이야."

유치원에서 친구와 다툼이 생기면 "그런 애랑은 놀지 마"라고 잘라 말했고, 초등학교 시절에는 소풍이나 캠프는 굳이 갈 필요 없다고 했다.

"우리 가족끼리 조용히 보내는 게 제일 좋아."

"남들처럼 다 하지 않아도 돼."

이런 말들이 반복적으로 아이의 일상을 둘러쌌고, 그 속에서 화영이는 점차 '가정 중심의 삶'에 익숙해져 세상과 단절되는 방식을 선택한다.

중학생이 되자 부모는 "요즘 세상 무섭다"며 친구들과의 외출, 단체활동, 동아리 참여까지 철저히 통제하기 시작했다. 체험학습이나 수학여행도 "쓸데없이 에너지 낭비 말고 공부나 해"라며 보내지 않았다. 겉으로 보기엔 아이를 지켜주는 것처럼 보였고, 실제 심한 갈등이나 큰 위험은 피할 수 있었을지도 모른다. 하지만 그 대가로 화영이는 사람들과 어울리며 감정을 나누고, 입장을 조율하고, 자기 의견을 전달해 볼 기회를 거의 갖지 못했다.

고등학교 2학년이 된 화영이는 조별 과제를 앞두고 누구보다 열의를 보였다. 하지만 그 열의는 곧 조율되지 않는 고집으로 이어졌고, 결과적으로 분위기만 어색해졌다. 자신이 먼저 만든 기획안을 내밀며 친구들의 아이디어를 하나하나 반박하기 시작했다.

"그건 비효율적인데? 좀 더 나은 아이디어 없어?"

"그건 내가 이미 생각해 봤는데, 별로 좋은 방향은 아닌 것 같아."

친구들은 화영이의 건방지고 비난하는 투의 말에 거부감을 나타내었고, 아예 대화를 하기 싫어졌다. 누군가는 팔짱을 끼고 시선을 외면했고, 누군가는 화영이를 향해 속닥이며 웃었다. 회의는 점점, 그의 존재가 없는 것처럼 흘러가기 시작했다. 결국 화영이는 조원들이 합의해 정한 방향과는 전혀 다른 자료를 혼자서 만들어 제출했고, 팀 전체가 곤란한 상황에 놓였다. 선생님이 "서로

의논하고 결정된 사항을 정리해 와야지"라고 말하자, 화영이는 억울하다는 듯 대답했다.

"제가 틀린 것도 아닌데 왜 아이들과 의논하라고 하세요? 선생님도 보시면 아시겠지만, 저 혼자 한 게 더 잘했어요."

화영이는 자신이 옳다고 믿는 순간, 타인의 의견을 수용하거나 함께 맞춰 가는 과정을 낯설어했다. '같이 한다'는 개념보다 '내 방식대로 해야 제대로 된다'는 믿음이 더 단단했다. 그 역시 사회적 인지 능력, 즉 다른 사람의 입장을 상상하고, 감정의 뉘앙스를 읽고, 관계 속에서 자신의 태도를 조율하는 능력이 충분히 자라지 못한 결과이다. 조용한 회피가 아니더라도, 사회성 결여는 이렇게 '관계를 끌고 가지 못하는 태도'로도 드러난다.

브론펜브레너의 생태체계이론에 따르면, 아이는 가정이라는 1차적 환경을 넘어 학교, 또래 집단, 지역사회, 문화적 영향 등과 상호작용하며 '사회적 인지(social cognition)'를 발달시킨다. 이는 단순한 말솜씨나 외향성과는 다른 차원의 능력이다.

'타인을 어떻게 해석하고 받아들이는가.', '사회적 상황에서 나를 어떻게 조율하는가.', '관계를 어떻게 이어가고 협력하는가'와 관련된, 일종의 사회적 뇌의 학습 과정이다.

이 과정을 충분히 경험하지 못한 아이는, 겉보기에는 조용하고 얌전한 성격으로 비칠 수도 있지만, 그 결과가 언제나 고요하게만 나타나는 것은 아니다. 사회적 감각이 충분히 훈련되지 않은 아이는 때로 낯선 상황 앞에서 거칠게 반응하거나, 감정을 조절하지 못한 채 충돌을 일으키기도 한다. 눈치가 없다, 말이 세다, 융통성이 없다는 평가를 받으며, 본인조차 왜 오해를 샀는지 이해하지 못한 채 상처만 품고 돌아서게 되는 경우이다.

중학교 3학년 때, 영덕이는 체육 시간 팀 활동 중 같은 조 친구가 실수를 하자 "도대체 머리가 있는 거야 없는 거야?"라고 소리쳤다. 친구가 당황하며 "야, 왜 그렇게까지 말해?"라고 하자, 영덕이는 오히려 화를 냈다.

"내가 틀린 말했어? 네가 잘못한 거잖아. 내가 틀렸냐고!"

상황의 흐름을 읽고 반응을 조절하는 능력이 부족한 영덕이는, 갈등이 생기면 감정을 멈추지 못한 채 그대로 폭발시키거나, 정반대로 상황을 지나치게 확대 해석한다. 고등학교에 진학해서는 친구들끼리 하는 농담을 공격으로 받아들이며 수업 중 갑자기 교실을 나가버리는 일이 반복되었고, 선생님이 걱정하며 "무슨 일이 있니?"라고 물으면 대답 대신 "다들 저 싫어하잖아요"라며 단정적으로 말해 버렸다. 이런 일의 뿌리에는 영덕이가 '예민한 아이'여서 그렇다기보다는 사회적 맥락과 타인의 의도를 해석하고 자기 감정을 조절하는 능력 자체가 부족한 게 원인일 수 있다.

다시 말해, '왜 그 말을 지금 했는지', '지금의 상황과 영덕이의 반응이 적절한지', '이 상황에서 어떤 표정과 말투가 바람직한지'에 대한 대응 태도와 감각이 충분히 자라지 않은 탓이다. 이런 아이는 관계를 맺는 데 있어 모든 상황에서 자신이 피해자라고 생각하며, 방어적으로 굴고 동시에 타인에게 상처를 주는 말이나 태도를 서슴없이 저지른다. 결국 또래 집단 속에서 반복적으로 '불편한 사람', '센 아이', '말 섞기 힘든 애'라는 인식을 심어주게 되고, 관계는 점점 좁아진다.

지금 우리가 사는 사회는 관계의 시대다. 한 사람의 실력이나 지식만으로는 삶을 꾸려가기 어렵고 협업과 소통, 공감 능력은 단순한 선택이 아니라 생존을 위한 필수 역량이 되었다. 문제를 푸는 사람보다 타인과 함께 일할 수 있는 사람이 더 환영받는 시대, 그것이 지금의 현실이다.

그렇다고 사회는 단순히 말을 잘하거나 외향적인 사람만 요구하지 않는다. 오히려 '상황을 이해하고 반응을 조절하는 힘', '의미를 읽고 적절히 표현하는 감각'이 더 중요하다. 그런데 그 기초가 훈련되지 않은 채 자라온 아이는, 뛰어난 능력을 갖추고 있어도 사회 속에서 자신을 기능적으로 발휘하지 못하고, 반복되는 불안과 오해 속에서 점점 움츠러든다.

특히 회식자리나 단체 활동처럼 비공식적인 사회적 상황에서는 이 결핍이 더욱 분명하게 드러난다. 모두가 자연스럽게 웃고 떠드는 분위기 속에서 무슨 말을 해야 할지 몰라 입을 다물고 있고, 어색함을 숨기기 위해 휴대폰만 만지작거리다 '싸가지 없다'는 평가를 듣기도 한다. 간단한 건배사 한마디에도 얼굴이 붉어지고, 동료의 농담에 어떻게 반응해야 할지 몰라 정색한 얼굴로 앉아 있게 된다.

단체 여행이나 워크숍처럼 함께 움직이고 느껴야 하는 상황에서도, 혼자 고립되고 혼자 오해하며, 자신도 모르게 '낄 자리에 못 낀 사람'으로 남게 된다. 사회성은 단순히 잘 어울리는 능력이 아니다. 이질적 환경 속에서도 자기 감정과 타인의 표현을 균형 있게 조절하며, 의미 있는 연결을 만들어내는 힘이다. 그 힘이 자라지 못하면, 아이는 결국 가장 평범하고 일상적인 사회의 장면에서 사람들과 함께 있어도 연결되지 못한 채, 마음은 점점 메말라간다.

가정이라는 공간은 아이가 처음으로 경험하는 '사회'다. 그 안에서 기본적인 신뢰와 애정을 배우는 것이 1차적 과제라면, 그다음에는 그 신뢰를 바탕으로 바깥 세상에 나가 다양한 사람과 관계를 맺고, 실패와 갈등을 견디며, 스스로를 조절하는 능력을 길러야 한다. 그러나 가정이 그 자체로 닫힌 세계가 되어 버린다면, 아이는 끝내 자신과 다른 세계를 두려워하는 사람이 된다.

"우리가 지켜줘야 해."

그 마음은 이해된다. 하지만 지켜주는 것과 가두는 것은 다르다. 아이를 보호한다는 명목으로 바깥세상을 차단하고, 모든 인간관계를 통제하려 든다면, 그건 아이를 지키는 것이 아니라, 세상에 혼자 내버려두는 것과 같다. 사회는 따뜻하지만, 동시에 낯설고 복잡하다. 이곳에서 우리 아이에게 필요한 건 세상의 복잡함에 휘둘리지 않고, 그 안에서 자기 호흡을 찾을 수 있는 내적 체력이다.

지금 이 순간, 부모가 문을 열지 않으면 그 문은 언젠가 아이에게 두려움의 벽이 된다. 작은 세계 안에 가두지 말자. 우리 아이가 갓난아이 모습을 한 사회인이 되는 꼴을 보기 싫다면.

가해자를 키운 건 바로
당신입니다

　중학교 3학년 병희는 단체 채팅방에서 특정 친구를 집단적으로 따돌리고, 모욕적인 언사를 주도했다. 상대방을 놀리듯 바꾼 프로필 사진, 욕설과 조롱이 섞인 메시지, 밤늦게까지 이어지는 사이버 괴롭힘. 학교는 이를 '사이버불링'으로 규정했고, 병희는 가해자로 지목되었다.

　그러나 부모는 인정하지 않았다. "그럴 리 없다"며, "아이들이 다 그렇게 노는 거다.", "병희는 원래 착하다"고 되풀이했다. 심지어 "이걸로 무슨 처벌까지 받냐"며 학교에 항의하기까지 했다. 하지만 문제는 여기서부터다. 사이버범죄도 명백한 폭력이다. 그리고 그 폭력의 배경에는 부모의 '도덕 금지 교육' 부재, 공감 능력 훈련 실패, 자기 행동에 대한 책임감 결여가 자리 잡고 있다.

요즘 교실에서 아이들은 종종 이렇게 말한다.

"그건 장난이었어."

"쟤가 예민한 거야."

"다들 웃었는데 왜 나만 문제야?"

이 말들 안에는 하나의 공통점이 있다. 자기 행동이 타인에게 어떤 감정을 유발했는지 생각조차 하지 않는 태도다. 공감은커녕, 피드백을 무시하고 오히려 피해자를 탓한다. 사진을 허락 없이 찍어 유포하고, 친구의 실수 장면을 편집해 공유하며 "그냥 재밌잖아"라고 말하는 아이. 이런 도덕적 둔감함은 절대 아이 혼자 만든 것이 아니다. 그것은 '그 정도는 괜찮아'라며 조용히 방조했던 양육 태도의 산물이다.

최근 몇 년간 뉴스에 등장한 중·고등학생 범죄 사건들은 단순히 철없는 장난이나 반항으로 설명되지 않는다. 2024년 4월, 경기도 부천시에서 중학생들이 고등학생을 무자비하게 집단 폭행한 사건이 일어났다. 가해 학생들은 무려 40km 떨어진 인천에서 부천까지 '원정'을 와서 범행을 저질렀다. CCTV 사각지대인 번화가 건물 화단에서 10분 넘게 폭행이 이어졌고, 주변 친구들은 이를 촬영하며 "계속 때려!"라고 외치고 낄낄대기까지 했다. 피해를 입은 고등학생은, 평소 가해자들에게 괴롭힘을 당해왔던 중학생 B군을 돕기 위해 나섰던 형이었다. 즉, 중학생들이 자신들을 말리려 했던 고등학생까지 집단으로 보복 폭행한 셈이다. 그러나 이 사건의 가해자 부모는 "아이가 누굴 만날 시간도 없다"며 끝까지 현실을 부정했다.

2023년에는 부산에서 중학생들이 또래 여학생을 집단으로 폭행해 피해자가 두개골 골절로 병원에 실려 가는 사건이 있었다. 가해자들은 "장난이었다.", "별일 아니었다"는 반응을 보였고, 조사 결과 이들 대부분은 "혼난 적이 없다.", "누가 다쳐도 그게 내 탓이라고 생각해 본 적이 없다"라고 진술했다. 이들은 타인의 고통에 공감할 줄 모르고, 자신이 한 행동의 무게를 알지 못한 채 제대로 된 훈육 없이 '한번쯤은 괜찮다.', '애들이니까 그럴 수 있다'는 분위기 속에서 자라났다. 그리고 결국, 죄책감 없이도 폭력을 휘두를 수 있는 사람이 되었다. 그 아이들이 그렇게 자란 데엔, 누군가의 책임 있는 시선이 단 한 번도 닿지 않았다는 사실이 무엇보다 뼈아프다.

그뿐만이 아니었다. 한 고등학생은 동급생을 협박하고 돈을 빼앗은 뒤, 이를 자랑하듯 SNS에 영상을 올렸다. 하지만 그 부모는 "요즘 애들이 워낙 센 세상이라, 친구들끼리 장난치다 벌어진 일"이라며 상황의 심각성을 끝내 깨닫지 못했다.

이런 사건들의 공통점은 명확하다.

첫째, 아이들이 피해자를 '사람'이 아닌 '상황'처럼 다뤘다는 점이다. 상대의 감정과 고통을 상상하지 못한 채, 마치 게임 속 캐릭터나 영상 콘텐츠처럼 소비했다. 누군가 울고 고통을 호소해도, '그 상황이 불편하다'는 감정만 남는다. 피해자의 고통보다 '분위기 망쳤다'는 말이 먼저 나오고, 끝내는 "쟤가 오버했어"라며 비난의 화살을 피해자에게 돌린다.

둘째, 부모가 이 현실을 끝까지 인정하지 않는다는 점이다. "우리 애는 그럴 애가 아니다.", "친구들과 장난치다 그런 것"이라는 말은 결국 자기 자식을 끝까지 방어하겠다는 선언이 된다. 그렇게 반성과 조정의 기회를 놓친 아이는, 오히려 "억울하다"는 감정만 키우며, 자신을 피해자처럼 여기는 사고방식에 갇히게 된다.

이처럼 가해자가 되기까지의 경로는 결코 한순간의 일탈이 아니다. 도덕성에 대한 교육 부재, 공감과 책임에 대한 지도 부족,

그리고 부모의 무조건적 면책 태도가 오랜 시간에 걸쳐 쌓여 만들어낸 결과다.

많은 부모가 아이의 성적, 진로, 경쟁력에는 민감하지만, "다른 사람을 존중하며 살아야 한다"는 기본 윤리에 대해서는 알겠지 하면서 나이에 맞는 훈육을 하는 것에 소극적이다. 그러나 지금 필요한 것은, '도덕은 해코지하지 말라는 수준의 훈계'가 아니라, '관계 속에서 사람을 지켜주는 내적 기준'으로서 도덕을 가르치는 일이다.

가해자의 부모가 해야 했던 것은, 알고 보면 어렵지 않다.

"상대가 싫어하면, 아무리 너는 장난이라고 해도 그건 괴롭힘이야."

"네가 웃었을 때 상대가 울었다면, 그런 일은 절대 하면 안 돼."

"세상엔 해도 되는 말과 하지 말아야 할 말이 있어."

이처럼 도덕적 금지선을 가르치지 않고, 아이가 문제를 일으킬 때도 "남이 더 잘못했다"는 메시지만 반복하면, 아이는 자연스럽게 '나는 무슨 일을 저질러도 괜찮다'는 인식을 내면화하게 된다.

부모가 자녀의 도덕적 태도를 방관한 결과는 결코 사소하지 않다. 타인의 고통을 모른 척하고, 잘못된 행동에 죄책감을 느끼지 못한 채 자란 아이는, 언젠가 누군가의 삶을 파괴하는 가해자가 될 수 있다. 그리고 그 시작은 언제나 아주 작고, 아주 평범한 무관심에서 비롯된다.

　도덕은 학교에서 배우는 과목이 아니다. 그것은 가정에서, 부모의 말과 행동 속에서 체득되는 삶의 태도다. 아이에게 '무엇이 잘못인지', '왜 멈춰야 하는지', '어떻게 책임져야 하는지'를 가르치지 않으면, 세상은 언젠가 그 아이에게 가장 냉정한 방식으로 가르치게 된다.

　부디 지금부터라도 시작하자. 작은 일에도 미안하다고 말할 줄 아는 아이, 잘못을 인정할 줄 알고, 누군가를 아프게 했을 때 용서를 구할 줄 아는 아이. 그렇게, 당신의 아이가 절대 누군가의 고통 위에 서지 않도록 가정이라는 첫 학교에서, 윤리와 책임의 수업을 멈추지 말아야 한다.

정말 MBTI 때문에
못 하는 걸까?

"우리 애는 INFP라 혼자 있는 걸 좋아해요. 친구랑 갈등 생기면 그냥 놔두는 게 맞아요."

"얘는 ISTJ라서 계획 세우는 건 잘하는데, 갑작스러운 변화는 아예 못 받아들여요."

"우리 아이는 ENFP예요. 집중이 잘 안 되는 성격이라 공부보다 창의적인 활동을 더 시켜야죠."

"우리 애는 감정형이라 상처를 잘 받아요. 괜히 나서게 하면 더 힘들어질까 봐, 그냥 참고 넘기라고 말하고 있어요."

요즘 MBTI가 유행하면서 많은 부모들이 자녀의 성격유형 결과를 양육과 교육의 참고자료로 삼는다. 문제는 그 '참고'가 점점 아이의 행동과 감정, 가능성까지도 '미리 판단하고 고정하는' 기준이 되고 있다는 점이다.

"내 아이는 원래 내향적이라 발표는 못 해요."

"감각형이라 말을 조리 있게 못 해요."

"판단형이라 고집이 좀 세요."

이런 말들에는 자녀에 대한 애정이 담겨 있을 수 있다. 그러나 동시에, 아이를 특정한 성격 틀 안에 가두고 변화 가능성까지 차단하는 보이지 않는 프레임이 되기도 한다.

MBTI는 원래 제2차 세계대전 중 인력을 신속히 분류하고 배치하기 위한 목적으로 개발된 도구였다. 복잡한 성격을 섬세하게 이해하기 위한 도구가 아니라, 사람과 물자를 나누고 제자리에 두기 위한 단순한 수단이었던 셈이다.

그런데 지금 이 도구가 아이의 미래를 예단하는 절대 기준처럼 사용되고 있다. 더욱이 MBTI뿐만 아니라 에니어그램, DISC, 애착유형, TCI 등 다양한 심리검사나 성격유형 도구들 역시 과학적 타당성과 안정성에 논란이 있음에도 불구하고, '결과'가 마치 '진실'처럼 부모들의 언어에 자리 잡고 있다.

문제는, 부모가 이 불완전한 도구에 지나치게 확신을 부여하는 순간, 아이는 스스로의 가능성을 시험해 보기도 전에 먼저 한계를 내면화하기 시작한다.

"나는 원래 이런 성격이니까."

이 말이 입에 붙은 아이는, 자기도 모르게 다음과 같은 방식으로 살아가게 된다.

첫째, 시도를 멈춘다.

아직 해보지 않았음에도, "난 그런 사람이 아니야"라는 말로 새로운 경험을 밀어낸다. 도전에는 늘 불편함이 따르지만, 아이는 그 불편함조차 성격을 이유로 회피한다. 줄넘기를 하지 않으며 "감각형이라 운동은 안 맞아요"라고 말하고, 친구에게 사과해야 하는 상황에서도 "회피형이라 말을 못 해요"라며 침묵한다. 이처럼 아이는 자신의 기질을 방패 삼아 무경험의 세계에 스스로를 가두게 된다.

둘째, 책임을 피한다.

갈등이나 실패 앞에서 "난 감정형이라 쉽게 상처받아요.", "저는 인식형이라 결정을 잘 못 해요" 같은 말로 자기 행동을 설명하지만, 실상은 그 말로 책임을 유예하고 있는 셈이다. 부모가 이를 '이해'라는 이름으로 방치하거나 정당화해 줄수록, 아이는 결정력과 자율성을 기를 기회를 놓치고 만다.

셋째, 자아 인식이 왜곡된다.

"넌 원래 그런 아이잖아."라는 메시지는 이해하는 언어 같지만, 실제로는 아이의 자아 형성에 지울 수 없는 낙인이 된다. 이 낙인은 아이로 하여금 "나는 원래 이래서 안 돼"라고 낙심하며 시작조차 하지 않은 많은 일들을 포기하게 만드는 역할을 한다. 이러기에 성격유형은 참고 자료일 뿐, 변명의 빌미로 사용하게 해서는 안 된다.

성민이는 대기업 전략기획팀에 입사한 지 2년째다.

대학 시절 성격유형검사를 통해 ENTJ라는 결과를 받은 이후, 그는 줄곧 자신을 '추진력 있고 리더십이 강한 사람'으로 인식하며 살아왔다. 빠른 결단력, 명확한 목표 지향성, 거침없는 실행력. 그는 이 특징들이 자신의 강점이라 믿었고, 실제로도 이 이미지를 바탕으로 이력서를 쓰고 면접을 준비했다. 취업 이후에도 그는 늘 자신 있게 말하곤 했다.

"저는 방향만 정해지면, 누구보다 빠르게 움직일 수 있는 사람입니다."

입사 초반, 그의 말은 단순한 자기소개가 아니라 실제 업무로 이어졌다. 회의가 시작되면 누구보다 먼저 입을 열었고, "이건 이렇게 갑시다. 쓸데없는 논의는 줄이죠"라는 식의 말도 주저하지 않았다. 보고서는 항상 기한보다 빨랐고, 분석도 날카로웠다. 성과 지표도 나쁘지 않았다. 하지만 시간이 흐를수록 팀 분위기에 보이지 않는 균열을 만들어내는 존재가 되어 갔다.

동료들의 의견을 듣기보다는 자신의 계획을 빠르게 밀어붙였고, 경청보다는 논쟁에서 이기려는 소통 태도가 자주 드러났다.

"그건 말도 안 되는 생각이에요. 진짜 해보시려고 하는 건 아니죠?"라는 식의 그의 말은 설득이 아니라 '차단'이 되었고, 처음엔 '결단력'으로 보였던 태도는 점차 '독선'으로 비추어졌다. 독불장군이라고 소문난 성민이는 같이 일하면 숨 막히는 사람으로 기피 대상 1호가 되었고 표면적으로 드러나지는 않았지만, 그를 향한 조용한 거리두기는 협업이 필요한 프로젝트에서 배제되는 상황으로 돌아왔다.

아이가 맹신하게 된 성격 프레임은 대부분 부모의 언어와 태도 속에서 점차 굳어져 간다. 처음에는 자존감을 높이고 약점을 이해하려는 선의에서 시작됐을지 모른다. 그러나 그 반복은 곧, 아이의 자아 인식을 특정한 이미지에 고착시키는 '틀'이 되었고, 그 틀은 아이가 자기를 점검하거나 변화를 시도할 여지를 사라지게 만든다.

지금 성민이가 겪는 문제는 단순히 직장 내 갈등이나 팀워크 부족으로 설명할 수 있는 일이 아니다. 이건 부모가 만든 프레임을 아이가 스스로의 진짜 모습이라 믿게 된 결과이자, 변화와 확장을 가로막는 믿음이 어떤 방식으로 현실의 가능성을 제한하는지를 보여주는 대표적이고 흔한 사례다.

부모가 아이의 성격을 너무 잘 안다고 확신하는 그 순간, 아이는 자기도 모르게 자기 자신을 더 이상 알아가려 하지 않는다. 자신이 할 수 있는 일을 시도해 보기도 전에, 이미 못할 이유부터 설명하는 사람이 되어 버린다. 그래서 진짜 위험한 건, 아이의 성격이 아니라 그 성격을 '결정된 정체성'으로 확정해 버리는 부모의 시선이다.

이제 부모는 프레임으로 조정하던 과거를 청산하고, 미래의 가능성을 함께 찾는 러닝메이트가 되어주어야 한다. "넌 원래 그런 아이야"가 아니라, "넌 어떤 아이도 될 수 있어"라는 말이 아이를 앞으로 이끈다. 성격은 틀이 아니라 흐름이며, 그 흐름 위에서 아이가 더 멀리, 더 넓게 나아갈 수 있도록 돕는 것. 그것이 부모가 아이에게 줄 수 있는 가장 큰 선물이다.

부모의 그림자에서
아이를 걷게 하지 마라

성호의 아빠는 젊은 시절 로봇공학자가 되고 싶었다. 기계 조립에 빠져 밤을 새우고, 독학으로 회로도 공부를 하던 시간이 그의 청춘이었다. 하지만 집안 형편이 넉넉하지 못했고, 장남으로서 가족 생계를 책임지느라 꿈을 접어야 했다. 시간이 흘러 중년이 되자, 그는 '내가 못한 건, 내 아이는 할 수 있도록 해줘야'라는 생각에 사로잡혔다.

성호는 초등학생 시절부터 로봇과학캠프에 보내졌고, 코딩 학원과 메이커 페어, 발명대회에도 빠짐없이 참가했다. 아빠는 말한다.

"요즘은 공대가 최고야. 인공지능, 로봇, 이쪽으로 가야 먹고 살 수 있어. 그리고 네가 아직 몰라서 그렇지 로봇을 만든다는 일이 얼마나 멋있는 건데…."

이런 아빠에게 철수가 한번은 용기 내어 "전 방송국에서 다큐멘터리 만드는 사람이 되고 싶어요"라고 말했을 때, 아빠는 이렇게 잘라 말했다.

"그건 너랑 안 맞고 앞으로 사람이 할 필요 없는 분야가 될 거야. 너는 로봇을 만드는 재능이 있어. 아빠가 보는 눈이 맞아."

언뜻 보면 아버지는 자녀의 진로에 깊은 관심을 갖고, 정성껏 지원하는 사람처럼 보인다. 그러나 조금만 들여다보면, 그 선택에는 아이의 바람보다 아버지 자신의 미련과 좌절이 먼저 담겨 있다.

끝내 이루지 못한 꿈을 아이의 인생 위에 겹쳐 놓고, 그것을 사랑이라는 이름으로 자연스럽게 밀어붙이는 것이다.

처음에는 성호도 아빠의 제안이 그리 나쁘지 않게 들렸다. 자신을 믿어준다는 착각은 든든했고, '내게 특별한 재능이 있다'는 말은 자존감을 자극했다. 무엇보다 아직 미래가 막막한 시기였기에, 이미 정해진 길이 있다는 사실은 불안한 마음을 잠시나마 달래주는 안전지대처럼 여겨졌다.

하지만 시간이 지나면서, 그 안락함은 점점 불편함으로 바뀌었다. 자신의 바람과 아버지의 기대를 점차 구분하지 못하게 되었고, 어느 순간부터는 '나는 공대에 가야 하는 사람', '로봇을 만들

줄 알아야 하는 사람'이라고 여기는 자신을 받아들이게 되었다. 그런 생각은 아빠의 반복적인 말과 로봇공학자의 길에 필요한 지원 속에서 점점 견고해졌고, 결국 성호의 마음속에 하나의 '역할'처럼 자리 잡았다.

그러나 그 역할 뒤에는 설명하기 어려운 허전함이 늘 따라붙었다. 마치 자기감정은 들키지 않도록 숨기고, 부모가 기대하는 모습만 충실히 흉내 내며 살아가는 배우가 된 듯한 기분. 무대 위에서는 씩씩하고 분명한 표정을 지었지만, 무대 뒤편에서는 '내가 도대체 뭘 하고 있는 거지'라는 질문 앞에 자주 멈춰 서는 자신이 보였다.

이런 '꿈의 이식'은 단순히 진로의 갈등이 아니다. 그것은 아이의 삶의 주도권을 부모가 슬그머니 가져가는 일이다. 눈에 띄지 않게, 그러나 전반적인 인생에 깊은 흔적을 남기면서.

심리학적으로 이는 '자기개념의 혼재(Confusion of Self-Concept)'와 '내면화된 타인의 목소리(Introjected Voice)'로 설명할 수 있는데, 부모가 아이에게 반복적으로 "넌 이런 아이야.", "이게 너에게 어울려"라고 말할 때, 아이는 스스로를 그 말의 틀에 맞춰 가며 본래의 자아를 잃는다. 그렇게 형성된 자아는 유연하지 않고, 자기 욕구보다는 타인의 기준에 민감하게 반응하다가 결국 자기 인생을 살아가지 못하고 부모가 정해준 그림을 완성해 가는 조립 인형처럼 되어 버린다.

이처럼 부모의 욕망이 사랑이라는 포장으로 덧입혀진 순간, 아이는 자신의 감정과 욕구를 떠올릴 기본권마저 빼앗기고 마는데, 그 과정에서 다음과 같은 중요한 것들을 잃게 된다.

첫째, 욕구 감별력을 잃는다.

오랫동안 외부의 기대와 '이래야 한다'는 명제가 반복되면, 아이는 자기 내면의 욕구를 구별할 수 있는 능력을 점차 상실한다. '내가 좋아하는 것'과 '부모가 칭찬했던 것', '세상이 좋다고 말하는 것' 사이의 경계가 흐려지고, 결국에는 자기 안의 갈망조차 외부 기준으로 판단하게 된다. 이러한 아이는 새로운 길 앞에 섰을 때, 자기 욕구를 바탕으로 선택하지 못한다. 선택의 기준은 '내가 원

하는가?'가 아니라 '이게 괜찮은 선택인가?' 혹은 '부모가 인정할
만한 길인가?'가 된다. 결국, 자신의 감정을 신호로 삼는 능력 자
체가 퇴화하고, 내면의 나침반은 침묵하게 된다.

둘째, 탐색의 권리를 잃는다.

누군가의 대신이 되면, 자신을 시험해 볼 기회를 잃는다. 아이
는 직간접적 경험을 통해서 '진짜 좋다, 너무 싫다.' '잘 할 수 있겠
는데, 나는 죽었다 깨어나도 이건 못하겠다'라는 분별력을 갖게
된다. 그런데 부모의 미련과 한이 녹아든 미래만이 유일한 선택지
처럼 제시되면, 어떠한 체험의 시간도 본인이 먼저 허락하지 않는
다. 나아가 누군가의 삶을 대신 살아주는 대리인이 되어 누군가의
꿈을 수행하는 존재로 머무르게 된다. 주도적으로 경험하고 탐색
할 기회조차 갖지 못한 결핍을 안고 사는 이 아이는, 다른 일에 대
한 탐색이 필요한 그날이 오면 부모를 증오하고 원망한다. 부모의
한풀이 매개체로 또 자신의 아쉬움을 풀어내기 위한 계승자로 삼
았던 그들의 만행을.

셋째, 심리적 분리 실패가 일어난다.

아이가 어른이 되어가는 과정에서 반드시 필요한 단계 중 하나
는 '정서적 독립'이다.

하지만 부모의 미련과 기대가 아이의 삶을 뒤덮을수록, 아이
는 자율적인 결정을 내려야 하는 순간마다 반응을 살펴야 할 누
군가를 찾고, 죄책감과 불안을 기준으로 행동을 조절한다. "내가

이 길에서 벗어나면 큰 잘못을 하는 거야"와 같은 감정이 삶의 모든 선택에 영향을 미친다. 아이는 독립된 성인으로 성장하지 못한 채, 여전히 부모의 감정과 기대에 묶인 상태로 어른이 된다.

아이를 사랑한다고 말하면서, 정작 아이의 삶을 자신이 이끌려 했던 부모는 사랑이 아니라 욕망을 위탁한 것과 같다.

"나는 못했지만, 너는 해야 해"라는 말은, 사실상 "나는 끝났지만, 네 인생을 빌려 다시 살아볼게"라는 선언에 가깝다. 그러나 자녀는 부모의 재도전장을 품은 존재가 아니다. 그들은 부모의 실패를 회복시키는 도구도 아니고, 누군가의 아쉬움을 보상해 주는 응급처치용 인생도 아니다.

이 세상 누구도 타인의 꿈을 살아내는 일에 행복할 수 없다. 타인의 기대를 충족시키는 데서 희망과 보람을 찾게 되면, 그 아이는 결국 자기감정이 무엇인지조차 분간하지 못한 채 삶의 길 위에 누군가가 설계한 도면만 들고 걷게 된다. 그게 바로, 성장한 듯 보이지만 깊은 곳에서 퇴행하는 아이의 모습이다.

부모는 자녀에게 '빈 캔버스'를 남겨주어야 한다. 그 캔버스에 누구의 붓도 아닌 아이 자신의 손으로 그릴 수 있도록 놓아주는 용기와 기다림이 필요하다.

당신의 과거는 당신의 것이고, 아이의 미래는 아이의 것이다.

당신의 설움이 아이의 선택을 붙잡는 순간 그 사랑은 통제고, 그 관심은 억압이며, 그 열망은 또 다른 세대를 향한 침해다.

지금이라도 늦지 않았다.

아이를 보라.

당신을 대신 살아주려는 존재가 아니라, 자기 인생을 살아갈 수 있는 '독립된 인간'으로 보라. 그리고 조용히 말하라.

"이젠 네가 원하는 길을 걸어도 된다고."

그 한마디가 아이를 살리고, 비로소 당신도 자유롭게 만든다.

그 아이의 부모는 단 한 번뿐인데…

요즘 대부분의 부모는 맞벌이를 한다.

아빠도, 엄마도 각자의 일터에서 눈코 뜰 새 없이 바쁘게 산다. 하루 종일 일에 치이다 보면, 아이에게 집중할 여유도, 감정을 다독일 여력도 부족해진다.

그럴수록 더 중요한 것이 있다.

바로, '나는 어떤 마음으로 부모 노릇을 하고 있는가'를 되묻는 성찰이다.

우리는 사회 속에서 전문가가 되기 위해 끊임없이 배우고 훈련한다.

그러나 인생에서 가장 깊은 흔적을 남기는 '부모'라는 역할 앞에서는 놀라울 만큼 무지하고 무방비하다.

감정에 휘둘리고, 불안을 못 이겨 과하게 개입하며, 자신의 부족함을 아이 탓으로 돌리는 일도 잦다.

그렇게 몇 년이 흐르고 나서야, 아이가 어른이 된 후에야, 비로소 스스로의 실수를 깨닫는 부모가 많다.

"부모가 처음이라서요."

"그 아이의 부모는 처음 해보는 거라서요."

이런 말은 위로가 아니라 종종 핑계처럼 들린다.

부모라는 이름도 처음이지만, 그 아이에게는 단 한 번뿐인 부모다.

그 무게를 알고 있다면, 우리는 '처음이라서'라는 말로 넘어가지 못한다.

부모와 아이는 분명히 다른 존재다. 나는 아이가 될 수 없고, 아이도 내가 될 수 없다. 그럼에도 많은 부모는 아이를 마치 자신의 분신처럼 여기고, '내 것'이어야만 한다는 마음으로 아이를 길들이려 한다.

부모는 왜 자꾸 보고 싶은 것만 보고, 듣고 싶은 것만 들을까? 이미 주변에는 부모의 고집과 통제가 아이를 망가뜨린 수많은 사례가 있는데도, 여전히 자신의 방식이 옳다고 믿고 의심하지 않는다.

만약 아이들이 정말 지혜롭고 날카롭다면, 이렇게 따질지도 모른다.

"아빠, 엄마. 왜 우리 집은 옆집이랑 달라요?"

"왜 우리 부모님은 친구네 아빠, 엄마처럼 안 해줘요?"

과연 아이의 이 물음에는 어떤 답을 할 수 있을지 궁금하다.

아이에게 독이 되는 짓거리를 자행하고 있는 부모에게 조언을 건네면, "우리 애가 외동이라서요." "형제가 더 있었으면 덜 그랬을 텐데요"라는 구질구질한 이유를 댄다.

도대체 이건 무슨 말인지? 아이가 많으면 한둘쯤은 실패해도 괜찮으니, 만행을 멈출 수 있다는 뜻인가?

요즘은 외동도 많고, 다둥이도 외로운 시대다. 중요한 건 숫자가 아니라, 부모의 태도다. 제발 아이에게 기대하지 말고, 요구하지 말고, 먼저 자기 인생을 살아가라. 부모가 자기 삶을 주체적으로 살아가는 모습 자체가, 아이에게는 가장 좋은 교육이 된다.

실패도 해보고, 후회도 해본 인생 선배로서 간절히 말한다. 때로는 '아무것도 하지 않는 것'이 아이에게 해줄 수 있는 가장 큰 응원일 수 있다. 부모는 훈계로 가르치는 존재가 아니다. 삶으로 말하는 존재다.

'이렇게 살아도 괜찮다'는 것을, '실수해도 다시 시작할 수 있다'는 것을, 그저 자기다운 삶을 꾸준히 살아가는 모습으로 보여주는 것. 그게 아이에게 비치는 가장 아름다운 거울이 된다고.

Chapter

④

절대 권력자의
거부할 수 없는
명령

네가 더 좋아

효성이는 두 명의 남자 형제 중 동생이다. 효성이의 집안에서는 언제나 형이 먼저였다. 마치 효성이는 형의 부속품, 아니면 사은품 정도로 취급받는 느낌이었다. 부모는 습관처럼 말했다.

"형은 의젓한데 너는 그렇지 못해서 걱정이다. 형을 보고 배우지 뭐하고 있냐."

"형이 잘돼야 네가 힘들 때 도움을 받지. 그러니까 너는 형한테 잘해, 알았지?"

"형부터 사주고, 네 건 나중에 사줄게. 무엇이든 형이 먼저 갖는 거야."

신형 휴대폰, 인기 많은 브랜드의 학원 수강, 새 옷, 축구화 같은 효성이가 '갖고 싶은 것들'은 늘 형에게 자동으로 먼저 주어졌고, 효성이에게는 형이 물리거나 낡아서 더 이상 쓰지 않는 물건을 물려받았다. 똑같은 가족임에도 누구는 바라보는 눈빛조차 따뜻했고, 누구는 '나중에'의 대상일 뿐이었다.

명절이나 가족 모임 자리에서 부모는 형을 자랑하는 데 열을 올렸다. 학업, 성격, 친구 관계까지 칭찬이 끊이지 않았지만, 효성이에게는 "그래도 건강하잖아"라는 말 한마디 외에는 관심이 없었다. 그마저도 듣고 나면 마음이 더 서늘해졌다. 형이 친구를 집에 데려오면 아빠는 고기를 굽고, 엄마는 햄을 꺼내 와 "많이 먹어"라며 정성껏 대접했다. 반면 효성이가 친구를 초대하면 "왜 귀찮게 친구를 집까지 데리고 왔니"라는 눈총과 함께, 라면이나 끓여 먹으라고 퉁명스럽게 말했다. 차이는 분명했고, 반복됐다.

효성이는 자주 가슴이 꽉 막히는 듯한 답답함을 느꼈다. 억울하다는 감정이 온몸을 휘감았고, 형을 향한 질투와 분노는 때때로 감당하기 어려운 수준으로 치달았다. 가장 괴로웠던 시기엔 형이 납치당하거나, 세상에서 사라졌으면 좋겠다는 상상까지 하게 되었다. 그만큼 효성이의 마음은 벼랑 끝에 몰려 있었다. 그래서 그는 누구보다 빨리 그 집을 떠나고 싶었다.

자신을 한 사람으로 보지 않았던 부모의 울타리를 벗어나, 자기 힘으로 자기 삶을 살아보고 싶었기 때문이다.

그래서 고등학교 졸업 후, 손으로 무언가를 조립하고 고치는

일을 좋아하던 자신의 성향을 살려 자동차수리센터에서 일하게 되었다. 그는 기계 앞에 서면 몰입력이 남달랐고, 복잡한 구조나 새로운 기술도 빠르게 이해하고 정확하게 처리했다. 작업대 앞에 선 군더더기 없는 손놀림과 꼼꼼한 마무리로 "정비 기사라기보다 기술자 같다"는 말을 종종 들었다. 고객의 차량 상태를 설명할 때도 핵심만 조리 있게 전달해 신뢰를 얻었고, 말보다는 결과로 증명하는 태도 덕분에 동료들 사이에선 '일 하나는 제대로 하는 사람'이라는 평을 들었다.

그러던 어느 날, 효성이의 일상에 조용한 균열이 생겼다. 팀 내

한 동료와 알게 모르게 마찰이 시작된 것이다. 문제 있는 사람도 아니었고, 분위기를 잘 맞추는 편이었지만, 효성이는 이상하게 그가 불편했다. 특별한 이유 없이 말투가 까칠해졌고, 괜히 신경이 곤두섰다.

상대도 그 변화를 감지한 듯 서서히 거리를 두었고, 작은 실수 하나에도 예민하게 반응하며 공개적으로 지적하기 시작했다. 팀 분위기까지 차가워지자, 팀장이 조심스레 다가와 말했다.

"효성 씨, 왜 성격 좋은 효성 씨가 사람들 앞에서 화를 내고, 상대가 상처 입을 말을 함부로 하는지 모르겠네요. 말로 풀어요."

그 말에 효성이는 억울했다.

"왜 저한테만 그러시는 거죠? 전 잘못한 게 없는데요."

억눌렀던 감정은 분노로 번졌고, 이후 그는 점점 감정에 휘둘리기 시작했다. 일에 집중하지 못하고 실수가 늘었으며, 피드백에도 날을 세우며 반응했다. 사소한 일에도 언성을 높이고 동료와 충돌하는 일이 잦아지자, 팀장은 점점 그를 곱지 않은 시선으로 바라보았다. 결국 효성이는 시종일관 분노를 조절하지 못한 끝에 팀 내에서 분란을 일으키는 직원으로 낙인찍혔고, 불편한 공기 속에 쫓기듯 회사를 떠나야 했다.

효성이도 어렴풋이 알고 있었다. 그 동료가 자신을 그렇게까지 불편하게 만들 사람은 아니라는 것을. 그럼에도 불구하고 마음은 설명할 수 없을 만큼 날카로워졌고, 악감정이 먼저 튀어나왔다.

가만히 들여다보면, 그 동료는 어린 시절 자신이 끊임없이 비교당했던 형과 닮아 있었다. 말투, 태도, 사람들과의 자연스러운 어울림까지.

효성이는 여전히 '형만을 사랑했던 부모의 기억' 안에 갇혀 있었고, 그 오래된 상처는 지금의 인간관계마저 비틀고 있었다. 어린 시절 한 번도 이겨본 적 없던 감정의 패배감이, 전혀 다른 관계 속에서 다시 고개를 든 것이다.

효성이처럼 자란 아이는 새로운 관계 안에서도 끊임없이 비교당하고 밀려났던 기억을 가슴 깊이 품은 채 살아간다. '나는 늘 덜 사랑받는 존재였다'는 감정은 단순한 서운함이 아니라, 그 아이 인생을 조용히 좀먹는 분노와 한(恨)이 된다. 이 감정은 사람을 향한 신뢰를 깎아내리고, 사랑을 향한 기대를 왜곡하며, 결국에는 모든 관계를 의심과 방어로 물들인다. 부모가 만든 차별의 감정은 자녀 안에서 자라나, 결국은 그 아이 자신의 인생을 무너뜨리는 씨앗이 된다.

하지만 편애는 늘 이렇게 명확한 형태로만 나타나지 않는다. 때로는 가족 안에서 편이 갈리고, 감정의 선호에 따라 특정 자녀와만 정서적으로 연결되는 경우, 겉으로는 사랑을 '모두에게' 주는 것처럼 보여도, 아이는 속으로 분명한 경계를 느낀다.

이러한 정서적 편애는 더 위험할 수 있다. 눈에 보이지 않기에 부모 스스로도 인지하지 못하고, 아이는 혼자서 그 서운함을 삼킨

다. 그리고 그 감정은 '사랑받기 위해 편을 들어야 한다'는 관계의
왜곡된 법칙으로 변한다.

　윤석이와 은진이는 남매다. 엄마는 아들인 윤석이를 유난히 예
뻐했다. 얼굴형이 닮았고, 말수가 적으며 말없이 엄마를 잘 따르
는 모습이 마음에 들었다. 반면, 은진이는 본인의 성격과 달라 자
주 부딪혔다. 그래서 엄마는 은진이에게 "넌 왜 자꾸 따지니, 말
대꾸는 누가 시켰어?"라고 지적했고, 둘 사이의 정서적 거리는 늘
멀어져만 갔다.
　아빠는 정반대였다. 아빠는 은진이를 더 챙겼다. "엄마랑은 성
격이 안 맞아서 말하는 것도 피곤하다"며 아내와 거리를 두던 그
는, 애교 많고 스킨십이 잦은 딸 은진이에게서 위안을 얻었다.
"우리 딸이 최고야, 넌 엄마랑 달라서 정말 다행이야"라는 말을
입버릇처럼 했고, 은진이에게는 몰래 용돈을 더 줘 주며 자신만
의 방식으로 애정을 표현했다.
　편애는 행동으로 분명히 드러났다. 주말이면 엄마는 윤석이만
데리고 단둘이 외식을 나갔고, 아빠는 은진이와만 영화를 보거나
쇼핑을 했다. 형제자매의 균형은 무너졌고, 가족 안에서도 감정이
대각선으로 갈라졌다. 네 사람은 한 집에 살지만, 서로 다른 감정
진영에서 살아가고 있었다. 아이들은 그렇게 자랐다. 어릴 적부터
"누가 내 편이냐"를 먼저 따지는 법을 배웠고, 자신에게 친절하지

않은 사람은 '경계해야 할 대상'으로 분류했다.

윤석이는 지금 작은 로스터리 카페에서 바리스타로 일하고 있다. 표면적으로는 조용하고 성실한 직원으로 보이지만, 팀 안에서는 점점 '편을 가르는 사람'으로 분류된다. 잘 보이고 싶은 사람에게는 친절을 보이지만, 그렇지 않은 동료는 자연스럽게 배제한다. 조용히 선을 긋고, 때로는 일부러 어울리지 않으며 자신만의 안전한 영역을 만든다. 무엇보다도 심각한 문제는, 그의 모든 관계가 '누가 내 편인가'를 기준으로 이루어진다는 점이다. 동료와의 신뢰보다는 이해관계를 따지고, 조금이라도 자신을 지지하지 않는다고 느끼면 조용히 선을 긋는다. 그에게 중요한 건 함께 일하는 사람이 아니라, 자신에게 호의적인 사람뿐이다.

은진이는 청소년 문화기획팀에서 팀장 역할을 맡고 있다. 은진이는 자신을 평가할 위치에 있는 사람에게는 유난히 밝고 친절하다. 칭찬을 얻기 위해 과하게 애쓰고, 사적인 접촉도 적극적으로 시도한다. 반면 자신을 견제하거나 불편한 피드백을 주는 사람은 그림자 취급하며 무시한다. 또 성과가 확실히 드러나는 일에는 누구보다 열심히 뛰지만, 인정받기 어려운 일에는 관심조차 두지 않는다. 그리고 자신이 잘한 일에 대해서는 꼭 알아달라는 듯 생색을 낸다. 잠깐 보면 유쾌하고 자신감 있어 보이지만, 사실 은진이는 점점 얄밉고 간사한 사람으로 변해 가고 있었다. 그녀의 모든 행동은 오직 자신을 인정해 줄 사람의 시선만을 의식한 결과였다.

많은 부모는 의식적이든 무의식적이든 아이들을 줄 세운다. 눈에 보이는 실력, 성격의 합, 외모, 말투, 기질 등은 편애의 근거가 된다. 그리고 그 기준은 오로지 '부모의 입맛'에 따라 결정된다.

윤석이와 은신이의 사례에서 보았듯이, 부모가 사랑을 기준 없이 고르게 나누지 않았을 때, 아이는 '사랑받기 위한 전략'을 개발한다. 누군가는 침묵으로 버티고, 누군가는 애정의 대상을 이기기 위해 관계를 조작한다. 부모의 애정에서 소외된 경험은 단순한 서운함으로 끝나지 않는다. 그것은 '나도 누군가를 소외시켜야 안심된다'는 심리적 왜곡으로 발전하고, 결국 사회 속에서 비열하고 불편한 인간관계를 만들어낸다.

실제로 편애 경험이 있는 아이는 자존감이 낮고, 감정 조절 능력에 취약하며, 대인관계에서 불신을 기반으로 관계를 유지하는 경향이 크다는 연구 결과가 있다. 미국 시카고대학의 심리학 교수 라우리 슈나이더 박사의 연구에 따르면, 부모의 지속적인 편애를 경험한 자녀는 그렇지 않은 자녀에 비해 성인기 우울감, 분노 표출 문제, 사회적 고립감이 유의미하게 높았다.

또한 브리검 영 대학의 가족학연구소는 형제자매 간 비교를 자주 당한 아이일수록 형제에 대한 질투와 공격성, 그리고 경쟁적 자기 과시에 더 많이 노출된다고 경고했다. 문제는 이 비교의 경험이 성장과 함께 사라지지 않는다는 점이다. 가족 안에서 학습된 경쟁 구도는 조직과 인간관계 전반에 왜곡된 행동으로 재현된다.

편애는 칼처럼 날카롭지 않다. 그래서 더 위험하다. 아무도 다쳤다고 말하지 않지만, 모두가 상처 입는다. 부모는 이렇게 말한다.

"나는 차별한 적 없다. 다 똑같이 사랑했다."

하지만 아이는 안다. 누구의 눈빛이 더 따뜻했는지, 누구의 말에 더 귀 기울였는지, 누구의 편에 더 오래 머물렀는지.

부모는 기억해야 한다. 편애는 '사랑의 형태'가 아니라 '통제의 기술'일 수 있다. 아이는 사랑받기 위해 자신을 지우기도 하고, 형제나 친구를 밀어내기도 한다. 그 아이의 삶이 그렇게 관계와 감정의 전쟁터가 되어 버리게 된다.

단순한 후회로는 되돌릴 수 없는 결과를 남기는 부모의 편애는 반드시 멈추어야 한다.

사랑은 '내가 좋아하는 방식'이 아니라, '상대가 존재 그대로 존중받는 방식'으로 건네야 한다. 당신의 편애가 만든 아이는, 누군가에게 사랑받기 위해 오늘도 스스로를 포장하며 진짜 감정을 감춘 채 살아가고 있다.

사랑받기 위해 자신을 잃는 삶. 그 불행을 만든 책임은, 사랑을 '차등 지급'한 당신에게 있다.

여자처럼,
남자답게?

　영한이는 자유로운 분위기와 다양한 사람들이 어우러진 환경에 어색함을 느낀다. 누군가 자기표현이 강하거나 옷차림이 독특하고, 말투나 태도가 튀는 사람이 있으면 마치 자기에게 위협을 가하는 것처럼 경계심이 앞섰다. 이유를 묻는다면 뚜렷하게 설명하긴 어려웠지만, 아무튼 흔하거나 평범한 상황이 아니면 정신적으로 감당하기 힘들다.

　그에게는 '튀지 말고 조용히 있으라'는 말이 일상의 교육처럼 깊게 자리 잡아 있었다.

　"남자애가 왜 그렇게 시시하게 굴어."

　"그런 건 여자애들이나 하는 짓이야."

"남자는 기운차고 우직해야지."

비슷비슷한 말은 영한이의 유년 시절에 반복된 가르침이었다. 처음엔 별다른 의심 없이 받아들였다. 그렇게 살아야 어른들이 좋아하고 문제없이 넘어갈 수 있다고 믿었다. 하지만 시간이 흐르며 그 말들이 만든 경계선은 점점 단단해졌고, 그 안에서 자신을 조심스럽게 조립하며 살아가야 했다. 그리고 결국, 이 가르침과는 다른 사람을 만날 때마다 본능처럼 거부하고 진저리를 치는 사람이 되었다.

청소년 상담실에서 만난 민준이도 비슷한 경로를 걷고 있었다. 고등학생인 그는 흑인 댄서를 롤모델로 삼고 춤을 배우고 싶어 했다. 매일 유튜브를 보며 안무를 익히고, 해외 댄스 영상을 분석하느라 밤을 지새우기도 했다. 춤은 민준이에게 언어였고, 감정이었고, 꿈이었다. 하지만 그의 부모는 단호했다.

"흑인처럼 노는 애들은 나중에 제대로 살지 못한다."

"춤추는 건 가정 교육 제대로 못 받은 천한 애들이나 하는 짓이야."

부모는 '그들'과 '우리'로 나누었고, 아이의 꿈은 그 경계 밖으로 밀려났다. 민준이는 결국 진로 희망란에 부모가 써준 '공무원'이라는 단어를 적었고, 얼마 지나지 않아 말했다.

"선생님, 제가 춤을 출 수 있는 길은 이번 생애에는 없을까요?"

고정관념은 단순한 말버릇이 아니다. 그것은 아이가 자기 자신을 의심하게 만드는 강력한 프레임이다. 부모의 언어는 아이에게 생각의 틀을 심어주고, 그 틀은 시간이 지나면서 '이래야만 한다'는 규범으로 굳어진다. 정해진 규칙 안에서만 움직일 수 있다면, 아이는 결국 진짜 자신의 색깔을 꺼내지 못한 채 살아가게 된다.

문제는 그 틀에 자신도 갇히지만, 타인도 함께 가둔다는 사실이다. 영한이처럼 자란 아이는 세상을 판단하기 전에 먼저 구분하려 든다. 말투가 다르면 낯설고, 옷차림이 다르면 삐딱해 보이며, 감정을 잘 드러내는 사람은 지나치다고 느낀다. 자신이 어릴 적부터 들었던 말들—"남자는 그래야지.", "여자애가 그런 걸 왜 해.", "그런 애들하고는 어울리지 마."—이 내면화되어 있었기 때문이다.

그 결과 다른 문화나 가치관, 표현 방식을 받아들이는 데 서툴러지고, 다양한 사람들과 어울리는 데에 있어 불안과 저항감이 앞서게 된다. 타인을 판단하기에 앞서 이해하려는 마음은 생기기 어렵고, 타인에 대한 낯섦은 결국 배척으로 이어지고, 그 감정은 점점 활동 환경을 좁게 만들며 아이를 세상으로부터 고립시킨다.

이러한 부모의 고정관념이 자녀의 사회성에 미치는 영향을 다룬 연구들도 존재한다. 하버드대학교 교육대학원에서는 성 역할 고정관념이 강한 가정에서 자란 아동일수록 감정 인식 능력, 협동 기술, 갈등 조율에서 낮은 점수를 보였다고 밝혔다. 특히 반복되는 성별 규제가 아이의 자신에 대한 믿음으로 정의할 수 있는 자기효능감을 약화시켜 삶의 선택을 좁히는 결과를 낳는다고 강조했다.

비슷한 맥락에서 컬럼비아대학교 심리학과 님 토트넘(Nim Tottenham) 교수는 부모의 정서적 태도와 언어 환경이 아이의 사회적 인지(social cognition) 형성에 결정적인 영향을 미친다고 밝혔다. 그의 연구에 따르면, 부모가 타인이나 특정 집단에 대해 지속적으로 부정적인 정서를 표현할수록, 아이의 뇌는 이를 '위협 신호(threat cue)'로 학습한다. 그 결과, 아이는 다름을 있는 그대로 받아들이기보다 낯선 사람이나 상황을 본능적으로 경계하게 되고, 새로운 관계를 불편하게 느끼며, 사회적 관계망을 좁혀 가는 경향을 보인다.

또한 메릴랜드대학교의 멜라니 킬렌(Melanie Killen) 교수는 오랜 기간의 아동 발달 연구를 통해 부모의 사회적 편견이 자녀의 도덕 판단과 또래 관계 형성에 깊은 영향을 미친다는 사실을 밝혀냈는데, 구체적으로는 부모가 특정 인종, 계층, 종교에 대해 부정적인 언어를 반복할수록, 아이는 타인을 도덕적으로 이해하기 전에 '우리와 그들'로 구분하려는 사고방식을 강화한다는 내용이 중심을 이룬다. 즉, 아이는 부모의 말을 단순히 듣는 수준을 넘어,

세상을 해석하는 기준과 틀로 내면화하며 성장하게 된다는 결론이다.

현대사회는 다양한 가치, 문화, 정체성이 공존하는 구조 속에 있다. 이러한 사회에서 사는 아이가 타인을 틀에 맞춰 해석하고 구분 짓는 사고방식에 머무른다면, 필연적으로 함께 걸어야 할 자리에 혼자 서 있게 된다. 다양성을 이해하고 존중하는 능력은 더 이상 선택이 아니라 필수이며, 이는 단지 '마음이 넓은 사람'이 되라는 뜻이 아니라, 현실 세계에서의 생존과도 직결된 역량이다. 다양한 관점을 포용하는 능력은 곧 창의성으로 연결되고, 서로 다른 배경을 가진 이들과 효과적으로 협력하는 능력은 사회적 성공의 핵심 요건이 되었다. 그만큼, 부모의 고정관념은 단지 아이의 성향을 억누르는 데 그치지 않고, 아이가 사회에 적응하고 성장할 수 있는 기반 자체를 흔들 수 있다.

어느 날, 지혜는 이런 말을 했다.

"저는 좀 정리된 사람이 좋아요. 뭔가 산만하고 일반적이지 않으면 함께 하고 싶지 않아요."

도대체 정리된 사람은 어떤 사람을 의미하는 것이고, 일반적이지 않다는 그 기준이 어디에 있는 것인지 매우 궁금해서 여러 질문을 통해 파악해 본 결과, 그 말은 정돈된 성격의 표현이 아니라, 다양성에 대한 두려움이었다.

지혜는 부모가 정해준 프레임 안에서만 살아야 안전하다고 배웠고, 그 벗어남은 불안이라는 감정으로 각인되었다. 그래서 지혜는 여전히 자신과 다른 사람을 수용하는 데에 어려움을 느끼며, 무의식중에 자신의 영역이 아니라고 쳐낸다. 그리고 그렇게 만들어진 기준은 타인을 향한 판단으로 확장되고, 결국 자신이 누군가를 차별하는 위치에 서게 만든다. 어릴 적 자신이 느꼈던 억압이, 자기도 모르는 사이 누군가에게 똑같이 향하는 것이다..

부모가 아이를 있는 그대로 바라보지 않고, 자신이 가진 '고정관념의 안경'으로만 본다면, 아이는 그 기준에 맞추기 위해 진짜 자신을 감춘다. 아니면, 진짜 자신을 끝내 찾지 못한다. 아이는 타인을 재단하는 사람으로 자라거나, 새로운 세계를 두려워하며 성장의 기회를 외면하는 사람으로 자란다. 그리고 때로는 그 두 가지를 오가며, 세상과의 관계 속에서 끊임없이 갈등하게 된다.

이제 멈추어야 할 때이다.

당신이 아이에게 건넨 그 말 한마디가, 혹시 아직 아이의 인생을 조종하고 있진 않은가?

'아이를 위한 말'이 아이를 가두는 말이 되고 있지는 않은가?

그 기준이 '상식'이라는 이름으로 포장되어 있다 해도, 당신의 틀은 아이의 가능성보다 중요하지 않다.

부모의 DNA 프레임이 만든
장렬한 실패들

실패 1 아빠의 말 한 줄이 내 인생을 지웠다.

경선이는 클래식 음악을 사랑했다. 악보를 펼치고 피아노 앞에 앉는 순간, 자신이 살아 있음을 느꼈다. 자발적으로 참가한 실내악 콩쿠르에서 두 차례 수상했고, 언젠가 독일로 유학을 떠나야겠다는 꿈을 품은 채 밤을 지새우는 날도 많았다. 어느 순간부터는 느껴지는 감정을 악보 위에 직접 적어 선생님께 보여드리기도 했다. 그 작품들은 "깊이 있고 완성도 높다"는 극찬을 받았고, 경선이는 그 말을 들을 때마다 마음 깊숙한 곳에서 진심 어린 기쁨이 솟구쳤다.

그 시간은 단지 음악을 하는 시간이 아니었다. 경선이가 진짜로 바라는 삶의 형태였고, 자신이 잘할 수 있는 무언가를 찾아냈다는 충만함으로 가득한 순간이었다. 그래서 행복했고, 그래서 좋았다.

그러나 결정적인 순간, 아버지는 단 한마디로 그 모든 시간을 지워버렸다.

"음악으로 우리 집안에서 잘나간 사람 하나도 없어. 지금은 네가 겉멋 들어서 그렇지, 금방 지겨워서 그만둘 걸. 아빠와 엄마 모두 이과를 전공했으니, 그냥 이과 가서 아빠 회사나 들어와."

그날 이후, 피아노 뚜껑은 닫혔고 방 안에는 악보 대신 수학과 과학 문제집이 쌓이기 시작했다. 아버지 비즈니스에 도움이 된다는 이유로 진학한 화학과는, 경선이에게 단 한순간도 즐거움이 없는 감정의 감옥이었다. 로봇처럼 오라면 오고, 가라면 가는 삶을 반복하던 어느 날, 학교 실험실에서 위험한 용액이 손에 쏟아져 큰 상처를 입었다.

병원에 도착해 의사의 말을 듣고 그는 울음을 터뜨리다 끝내 기절했다. 이제는 사고로 인해 손이 망가져, 피아노조차 칠 수 없다는 사실이 가져온 절망 때문이었다.

이후 경선이는 휴학했고, 방 안에서 아무것도 하려 하지 않았다. 무엇을 하고 싶다는 의지도, 해야겠다는 힘도, 의욕도 모두 사라진 상태였다. 결국 스트레스성 과호흡과 공황장애 진단이 내려졌고, 그는 더 이상 누군가의 전화도 받지 않고, 가족의 질문에도 아무런 반응을 보이지 않게 되었다. 하루 종일 창밖을 멍하니 바라보며, 그는 낮게 중얼거린다.

'피아노 치고 싶다. 좋은 음악을 만들고 싶다. 내가 음악을 못하게 막았던 사람들을 저주한다. 왜 나를 알지도 못하는 사람들이, 단지 그들도 음악을 하지 않았다는 이유만으로 내가 좋아하는 음악을 못 하게 했을까.

내 행복과 만족의 시간을 빼앗아 간 그 사람들은 과연 내 인생을 어떻게 책임질 것인가. 왜 음악을 하고 싶다는 그 단순한 바람조차 막았을까. 지금 나는 가슴이 너무 답답해서 숨도 못 쉬겠고, 살아 있다는 느낌도 없다.

과연 당신들이 나에게 원했던 모습이 이건가? 내 삶을 깨뜨린 사람들에게 복수해야지. 철저히 망가진 모습을 보여주는 것으로.'

어떻게 달라졌어야 했을까?

'잘못된 진로 선택으로 아이가 지금 힘들어한다'는 식의 단순한 결론으로 이 상황을 해석해선 안 된다. 이면에 숨겨진, 부모가 제공한 결정적인 실패의 열쇠를 찾아야 아이에게 인공호흡이라도 시도할 수 있다.

이 사례에서 우리가 부모의 입장이 되어 최악의 상황을 예방할 수 있었던 장면을 되짚어보자. 먼저, 아이의 현재 상황과 부모가 원하는 모습 간의 차이를 인정하고, 그 차이의 본질을 정확히 분석했어야 했다. 복잡한 현상을 의미 있는 정보로 풀어내기 어렵다면, 아이가 좋아하는 활동에 대해 적어도 3개월 이상 관찰한 교사나 지도자에게 문의해 보는 절차부터 밟아야 했다.

예를 들어, 경선이의 피아노 실력이 비슷한 기간 동안 배운 다른 아이들과 비교해 어느 수준에 있는지, 작곡한 악보의 어떤 부분이 특별해서 극찬을 받은 것인지, 이러한 능력이 성인이 된 이후 직업 세계에서 어떻게 발휘될 수 있는지, 혹은 음악 외에도 이 능력을 기반으로 선택할 수 있는 진로에는 어떤 것이 있는지 등 객관적이고 구체적인 정보를 파악했어야 했다.

그러나 많은 부모들은 듣고 싶은 말만 해주는 사람의 조언에 의존하거나, 자신이 기대한 그림에만 매달려 판단을 내리는 오류를 범한다. 이러한 태도는 처음부터 아이를 억누르며 강제로 방향을 정해주는 것과 다르지 않다. 오히려 결과는 더 치명적이다. 반드시 입체적인 파악을 통해 수집된 정보를 토대로 다양한 선택지를 나열하고, 그중 아이가 가장 행복하고, 성공할 수 있는 가능성이 높은 길을 함께 찾아가는 절차가 필요하다. 그것만이 돌이킬 수 없는 후회로부터 벗어날 수 있는 유일한 길이다.

또한, 경선이가 원하는 일이 그의 삶에서 차지하는 비중을 진지하게 고려했어야 한다. 경선이에게 음악은 단순한 진로나 취미가 아니었다. 말로 표현되지 않는 감정들—기쁨, 슬픔, 외로움, 두근거림—을 소리로 말하고, 악보로 기록하는 방식이었으며, 세상과 자신을 연결하는 언어였고, 자기 존재를 증명하는 도구였다.

그러나 부모는 그 언어의 가치를 철저히 부정했다.

"우리 집에서 음악은 말도 안 되는 일이야."

"음악으로 밥 먹고 살기가 얼마나 힘든데."

이런 말들은 현실적인 조언처럼 보일 수 있지만, 실상은 아이의 열망과 감정, 몰입의 경험을 '일시적인 착각'이나 '하찮은 변덕'으로 깎아내리는 말이다. 유전, 체질, 가계 전통이라는 근거 없는 잣대로 아이의 진짜 삶을 가로막을 때, 아이는 더 깊은 절망을 느낀다.

하고 싶은 일을 하는 중에 마주치는 어려움은 자동차가 주행 중 만나는 방지턱과 같다. 속도를 줄이면 넘을 수 있다. 그러나 하고 싶지 않은 일을 억지로 하다 마주치는 문제는 아이를 완전히 넘어뜨리고, 다시는 일어서지 못하게 만든다.

음악이라는 언어가 사라진 그 자리에, 결국 무기력과 공황만 남은 경선이처럼 말이다.

실패 2 기계 좋아한다고, 기계 취급당했다.

작은 조각을 조립하는 일이라면 무엇이든 좋았다. 인규는 뽑기를 하면 나오는 조그만 장난감 하나 얻어 보겠다고 조르고 떼를 썼고, 손에 들어온 장난감은 며칠이고 손에서 놓지 않았다. 먹고 싶은 걸 참고 모은 용돈으로 팔다리만 움직이는 플라스틱 로봇을 샀을 때는, 마치 온 세상을 얻은 것처럼 행복해했다.

집 안에 있는 모든 가전제품은 그에게 흥미로운 연구 대상이었다. 리모컨을 몰래 분해하다가 혼나고, 부모님의 휴대폰 속이 궁금해 뜯어보다 엉덩이를 맞았다. 아빠의 자동차는 그 자체로 보물상자 같았다. 어느 부품 하나, 어느 기능 하나 신기하지 않은 것이 없었다. 그래서 시간만 나면 아빠를 졸라 자동차에 함께 앉았고, 이것저것 눌러보고 만지며 질문을 퍼부었다.

인규의 아빠는 공무원이고, 엄마는 중학교 국어 선생님이다. 그들은 말하곤 했다.

"남자아이라면 자동차나 로봇에 관심 있는 건 당연하지."

"어렸을 땐 누구나 호기심이 많지."

아이의 관심이 위험하지 않다면 사주고, 허락하고, 응원하는 듯 보였다.

그러나 대학에 진학하며 기계공학과를 선택하겠다는 인규의 말에, 부모의 태도는 180도 달라졌다.

"지금 공돌이를 하겠다는 거야?"

"기계밥이나 먹으라고 좋은 학원 보내주고 과외까지 시켰는 줄 알아?"

"우리 집안엔 기계 만지는 사람 없어. 그러니까 경영학과나 가."

"요즘 IT니 우주공학이니 떠들어 대니까 그게 굉장한 줄 아는 모양인데, 결국 그들을 부리는 사람은 아무것도 몰라도 되는 CEO야. 경영을 잘하는 사장이 진짜야. 너희 큰 아빠를 봐라. 쥐뿔도 몰라도 경영학과 나와 IT 비즈니스만 잘하고 있잖아. 그러니까 후회하기 싫으면 내 말 들어."

무엇을 하고 싶은지, 왜 기계공학을 선택했는지, 진지한 질문은 없었다. 진지하게 알아보고 선택한 아들의 목소리는 들리지 않았다. 단지 미니카를 가지고 놀던 아이가 그 놀이를 계속하겠다는 정도로, 철없는 고집이나 변덕으로 치부하며 그 싹을 무자비하게 잘라버렸다.

등록금을 내주지 않겠다는 엄포와 심리적 압박 끝에, 인규는 울며 겨자 먹기로 부모가 시키는 학과에 등록했다. 그러나 수업이 도무지 재미가 없었다. 아니, 수업 자체를 거부하게 됐다. 내용이 귀에 들어오지 않았고, 교수의 말은 마치 외계어처럼 들렸다.

'저런 걸 배워서 내가 뭘 하지?'

한숨만 깊어갔다.

당시는 문과와 이과의 경계가 분명했기에, 재학 중인 대학에서 기계공학 수업을 청강하는 것조차 허락되지 않았다. 결국 그는 한 학기를 채우지 못하고 학교를 뛰쳐나왔다. 집에서 방황하며 시간을 흘려보내는 그를 향해, 부모는 날마다 말했다.

"멀쩡하던 아이가 대학 가더니 저 모양이 됐다."

"학생이면 학생답게 책상에 좀 앉아 있어라."

"도대체 왜 저러는 건지 모르겠다."

그렇게 시간은 흘렀다. 나이를 채워 억지로 다녀온 군대까지 마치고 돌아왔을 때, 인규는 더 이상 예전의 인규가 아니었다. 부모의 잔소리도, 조언이라는 이름으로 포장된 강요도 이제는 귀에 들어오지 않았다. 그는 스스로를 지키기 위해 마음을 단단히 닫아

버렸다.

그러나 멈춰 있던 걸음은 다시 떼야 했다. 인규는 혼자 1년간 공부해 2년제 전문대 기계과에 입학했고, 이어 4년제 기계과로 편입하기 위해 또다시 시간을 들여 준비했다. 그렇게 우여곡절 끝에, 30대 중반이 되어서야 비로소 대학 졸업장을 손에 쥘 수 있었다.

지금 인규는 부모와 얼굴을 보지 않고 산다. 그렇게라도 하지 않으면 자신의 삶이 무너질 것 같기 때문이다. 자신을 조정하고, 조율하고, 마음대로 휘두르던 부모 때문에 버린 시간이 아깝다. 그들의 고집이, 단 한 번이라도 '이 아이는 무엇에 몰입하고 있을까'라는 질문으로 바뀌지 않았던 그 시절이, 너무 원망스럽다.

어떻게 달라졌어야 했을까?

인규의 부모는 아이가 '갑자기' 기계공학과를 가겠다고 한다고 느꼈다. 그러나 '갑자기'가 아닌 이 아이의 성장 경로를 천천히 들여다볼 필요가 있다.

작은 조립 장난감부터 시작된 관심은 움직이는 로봇으로, 집안의 리모컨과 가전제품 내부로, 나아가 자동차의 구조로까지 이어졌다. 이건 단순한 호기심이 아니다. 반복적이고 점진적인 몰입이자, 한 방향으로 자라는 '집중된 관심'이다. 부모는 이 연결고리를 보지 못했다. 아니, 보려고 하지 않았다.

"어렸을 땐 누구나 그런 거 좋아하지."

"남자아이라면 당연한 거야."

부모의 시각으로 보고 말하며 관심의 깊이를 얕게 해석했고, 그 관심이 진로 선택으로 이어졌을 땐 오히려 거부감을 드러냈다. 그러나 우리가 기억해야 할 사실은, 오랜 시간에 걸쳐 자연스럽게 성장한 관심은, 그 자체로 하나의 능력이 될 수 있다는 점이다. 무언가를 반복해서 관찰하고, 뜯어보고, 만져보는 행위는 단순한 장난이 아니다. 그건 세상과 소통하는 방식이고, 세상을 이해하려는 시도다. 그리고 그 안에 '자신의 삶을 설계하려는 의지'가 들어 있다.

기계공학은 그런 아이에게 가장 적합한 세계 중 하나다. 기계의 작동 원리를 이해하고, 구조를 설계하며, 전기 신호와 센서, 모터, 알고리즘을 통해 복잡한 시스템을 구현해 내는 학문이기 때문이다. 다르게 말하면, 눈에 보이지 않는 움직임을 손으로 설계하고 현실로 구현하는 곳, 바로 상상과 기술이 만나는 접점이다.

이 학문을 통해 아이는 로봇 제작, 자율주행 시스템 개발, 드론이나 인공위성의 제어 설계, 에너지 효율을 높이는 산업용 기계 디자인, 심지어 의료기기나 재난 구조 장비까지 세상의 수많은 '움직이는 것들'을 직접 만들고 개선하는 기술을 배울 수 있다. 디지털 트윈, 스마트팩토리, 정밀가공, 친환경 수소 모빌리티, 우주

탐사 장비 등 현재와 미래를 이끄는 수많은 산업 분야에서 기계공학의 역할은 점점 더 중요해지고 있으며, 기계공학을 전공한 사람은 단순한 '기계 만지는 사람'이 아니라, 세상이 작동하는 방식을 새롭게 설계하고 고도화하는 전문 엔지니어로 세상에 큰 도움을 주고 있다.

기계를 좋아한다는 건, 단지 물건을 좋아한다는 뜻이 아니었다.

세상의 원리를 묻는 아이, 어떻게 작동하는지 알고 싶은 아이, 무언가를 손으로 만들고 싶어 하는 아이, 그 아이에게 기계공학은 진짜 '삶의 언어'였다.

물론 부모가 이런 정보를 처음부터 모두 알 필요는 없다. 그러나 아이가 말했을 때, '도대체 왜 기계공학이 하고 싶은 건지', '그 안에서 어떤 분야가 궁금한지', '그걸 통해 어떤 세상을 만들고 싶은지' 묻고, 들어주고, 함께 알아보려는 태도는 필요했다. 부모의 가장 큰 실수는 아이의 '희망'을 현실로 끌어내어 본 게 아니라, 자신의 '현실 감각'만을 들이밀었다는 데 있다.

물론 경영학은 훌륭한 학문이다. 그러나 그 학문이 누구에게나 적합한 것은 아니다. 부모가 원하는 길이 아이를 행복하게 만들 수 있다는 보장은 없다. 반대로, 아이가 가고 싶어 하는 길이 반드시 실패를 안겨주는 것도 아니다. 그렇다면 우리는 그 교차점에 서서 질문해야 한다.

"내가 지금 밀어붙이는 이 길은, 누구를 위한 길인가?"

"내 아이가 진짜 원하는 건 무엇인가?"

단지 내 기준에서의 '안정성'이 아니라, 아이 삶의 맥락 속에서 '지속 가능한 동력'이 무엇인지 물어야 한다. 아이가 진심으로 몰입할 수 있는 일이라면, 그것이 처음엔 생소하고 멀어 보일지라도, 그 안에 분명한 가능성과 진로의 씨앗이 숨어 있을 수 있다는 사실을 인지했어야만 했다.

아이의 선택을 존중한다는 건, 무작정 따르라는 뜻이 아니다. 깊이 들여다보고, 함께 고민해 주겠다는 태도라도 취해 보라는 말이다. 그 과정을 생략한 부모의 권위는, 결국 '명령'이 되고 만다. 그리고 그 명령은, 아이의 삶을 바꾸는 것이 아니라, 아이와의 관계를 돌이킬 수 없게 만든다.

인규의 후회와 원망은 스스로 발견한 길을 걷고자 했던 아이에게, 부모가 집안의 분위기만을 기준으로 거부하고 개입한 결과였다. 진로는 정해주는 것이 아니라, 시간 속에서 드러나는 아이의 목소리를 따라 발견해 가는 여정이다.

실패 3 네가 빛나던 그 운동장을, 우리가 닫았다.

승현이는 어릴 때 자주 아팠다. 감기에 한 번 걸리면 열이 며칠 씩 오르고, 병원에 드나드는 일이 잦았다. 부모는 그런 아이가 좀 더 튼튼해졌으면 하는 마음에 여섯 살 무렵부터 근처 유소년 축구 클럽에 데리고 다녔다. 처음엔 가기 싫다고 칭얼대고, 경기장에 나가서도 다른 아이들 사이에서 어정쩡하게 서 있던 승현이가 이 상하게도 시간이 흐를수록 변해 갔다.

어느 날부터는 아무 말도 하지 않았는데 먼저 유니폼을 꺼내 입고, 축구화를 손에 들고 현관에 먼저 나와 서 있었다. 운동장에 들어서면 눈빛이 달라졌고, 공을 차기 위해 누구보다 많이 뛰었으 며, 훈련 중 감독님의 고함이나 코치님의 반복 지시에도 불평 한 마디 없이 묵묵히 따랐다.

경기가 끝나도 친구들과 동네 공터에 남아 공을 또 찼다. 심지 어는 눈 오는 날에도 친구들과 축구팀을 짜서, 미끄러운 운동장에 서 넘어지고 또 일어서며 한참을 뛰어놀았다. 운동이 단순한 '건 강을 위한 도구'가 아니라, 자기 삶의 중심으로 자리 잡기 시작한 순간이었다.

그렇게 몇 해가 지나 초등학교 6학년이 된 승현이는, 중학교 축구부에 지원하고 싶다는 말을 조심스럽게 꺼냈다. 친구들 중에 는 유소년 클럽 출신으로 체육중학교에 진학하는 아이들도 있었고, 자신은 꼭 그 정도가 아니더라도, 축구를 계속하고 싶다고 말했다. 그러나 그 말이 떨어지자마자 부모의 반응은 단호했다.

"건강하고 운동 다 잘하는 네 형도 운동 안 시켰어. 너는 더더욱 안 돼."

"그냥 운동장 뛰어다니는 게 좋아서 그러는 거잖아."

"중간에 그만둘 게 뻔한데, 지금부터 공부를 시작하는 게 낫지."

"우리 집엔 운동 잘하는 사람 아무도 없어. 운동은 네 체질이 아니야."

승현이는 어리둥절했다.

운동을 하라고 해서 시작했고, 잘하고 싶어서 애썼고, 즐거웠다. 감독님과 코치님의 훈련도 꾹 참고 해냈다. 그런데 부모는 갑자기 '그만해도 된다'가 아니라, '그만둬야만 한다'고 말한다.

물론 부모가 이렇게 결정한 데에는, 지도자들의 피드백도 적지 않은 영향을 미쳤다. 승현이는 체력과 지구력이 다소 약해, 장기적으로 선수 생활을 이어가기에는 어렵겠다는 평가를 이미 받고 있었기 때문이다.

승현이는 부모의 억지에 축구부도 없는 중학교에 진학했다. 더 이상 유니폼을 입을 일도, 공을 차며 뛰어다닐 운동장도 없다. 공 대신 어려운 수학과 영어 교과서를 공부해야 하는 승현이의 눈에는 자기보다 실력도 없는 친구들이 여전히 축구하고 있는 모습만 보였다. 자신의 존재감을 확인할 수 있었던 축구장이 사라진 자리엔, 관계와 감정의 경계를 넘나드는 위험한 시도들이 남았다.

중학교 2학년 무렵, 승현이는 여자 친구를 사귀기 시작했다. 처음엔 소소한 연애처럼 보였지만, 시간이 갈수록 그 관계는 점점 도를 넘기기 시작했다. 외박과 며칠씩 연락이 두절되는 날이 많아지던 어느 때, 동네에서는 승현이의 수위 높은 성적 행위를 목격했다는 소문이 돌았다.

어쩌다 한 번 집에 들어온 아이에게 말을 걸면 문이 닫혔고, 타이르면 욕과 함께 큰 소리의 원망이 돌아왔다.

그때 부모는 비로소 깨닫기 시작했다.

아이가 그렇게도 좋아했고, 스스로의 존재를 확인하던 그 무대가, 단지 '우리 집 체질이 아니라'는 이유로 무너졌다는 것을.

그날의 판단은 선택이 아니라, 아이 인생의 문을 닫아 버린 명령이었다.

어떻게 달라졌어야 했을까?

이 사례에서 부모가 가장 먼저 놓친 것은, 초등학생의 실력으로 아이의 미래를 단정했다는 점이다. 승현이는 이제 막 몸과 마음이 성장하기 시작한 열두 살짜리 아이였다. 그 나이의 체력과 기술, 집중력은 계속해서 변해 가게 되고 중학교, 고등학교를 거치며 전혀 다른 모습으로 발전할 수도 있다.

그런데 부모는 초등학교 시절 지도자의 한마디를 '확신'으로 받아들였다.

"승현이는 체력과 지구력이 약해서 선수로는 어렵겠다."

이 말은 분명 참고할 만한 조언이었지만, 아이가 축구를 '그만 둬야 할 이유'가 아니라, '더 지켜봐야 할 이유'가 되었어야 했다. 적어도 중학교 시기까지는 아이가 진짜로 어디까지 성장하는지, 어떤 훈련을 버텨내고, 무엇에 흥미를 지속적으로 보이는지를 관찰한 후 함께 고민하며 결정했어야 했다. 하지만 부모는 이미 머릿속에 '우리 집 아이는 운동 체질이 아니다'라는 프레임을 가지고 있었고, 그 안에 지도자의 판단을 덧붙이자 '이건 확실하다'는 결론을 너무 빨리 내려 버렸다.

부모의 관점이 하나의 닫힌 정답지가 되었을 때, 아이의 가능성은 그 길이 끊어진다.

두 번째로 놓친 점은, '축구=선수'라는 단선적 시각이다.

모든 아이가 국가대표가 될 필요는 없다. 그리고 실제로도 운동을 좋아하는 아이들 중 많은 수는 경기장이 아닌 다른 방식으로 스포츠와 함께 살아간다. 예를 들어, 학습과 병행하며 축구를 계속하게 했다면 경기 규칙을 익혀 축구 심판, 관련 지식을 배워 에이전트, 스포츠 심리나 의학을 전공해 선수를 케어하는 전문가로 성장할 수도 있었다.

　운동을 사랑한다는 건 단순히 공을 잘 찬다는 뜻이 아니다. 몸으로 배우고, 감각으로 익힌 세계 안에서 자기 길을 만들어 갈 가능성을 품고 있다는 뜻이다. 하지만 부모는 '공부 아니면 실패'라는 이분법 속에서 아이가 좋아하던 세계를 통째로 부정했다. 하나의 가능성을 넓히는 대신, 가능성의 뿌리를 아예 뽑아 버린 셈이다.

　인생은 언제나 직진이 아니다. 옆길로 샜다가 돌아오기도 하고, 서서히 방향을 바꿔 새로운 세상으로 옮겨가기도 한다.

부모는 무서워야 한다고
배웠습니다

석진이의 아빠는 어린 시절 내내, 공포와 불안 속에서 살았다. 군복 입은 아버지는 '가장의 권위'라는 이름 아래, 언제든 화를 냈고, 밥상이 뒤집히거나 얼굴을 가격당하는 일이 드물지 않았다. 아버지가 구둣발로 냉장고를 찰 때, 어머니는 조용히 아이들을 방으로 밀어 넣었고, 그 안에서 석진이의 아빠는 눈을 질끈 감은 채, 그 폭발 소리가 멈추기만을 기다리곤 했다. 그는 마음속으로 수없이 되뇌었다.

"나는 저렇게 살지 않겠다. 내 아이에게만큼은 절대 저렇게 하지 않겠다."

하지만 그 다짐은 시간이 지나면서 연기처럼 사라졌다. 그리고 아이가 태어나고, 부모가 되었을 때 그는 아버지를 닮아갔다. 감정이 복잡해질수록, 상황이 뜻대로 되지 않을수록, 그의 입에서는 아버지가 하던 폭언이 튀어나왔고, 팔과 다리에는 본능처럼 힘이 들어갔다.

"말 대답하지 마. 한마디도 말대꾸하지 마."

"남자가 왜 그렇게 찔찔대. 하지 말라면 그만해야 할 거 아니야."

"기집애가 발랑 까져 가지고 입만 살았지? 아주?"

"너희는 맞아야 정신 차리지."

딸에게는 수치심 섞인 말로 기를 꺾었고, 아들에게는 눈빛 하나로 복종을 강요했다.

부모로서의 권위를 '무서움'으로 세우려 했고, 질문은 허용하지 않았으며, 실수엔 벌이 따라야 한다고 믿었다.

자신이 지옥처럼 싫어했던 아버지의 모습이, 자신의 아이들에게 어느 날 문득 되살아나고 있다는 사실을 순간적으로 알아차렸지만, 그 인식은 잠깐 스쳐 지나간 번개 같았고, 몸에 새겨진 반응은 이미 생각보다 빨랐다. 분노는 말보다 먼저 튀어나왔고, 손과 발은 자제보다 습관에 의해 움직였다.

"이러면 안 되지"라는 생각은 들었지만, 그 생각을 멈춰 세우기엔 이미 목소리는 높아져 있었고, 아이의 눈동자에 공포가 깃드는 순간에도 그는 멈추지 못했다.

　그렇게 폭언은 일상처럼 쏟아졌고, 폭력은 갈수록 수위가 더해졌다. '한 대만'이 '몇 대쯤'으로, '이번만'이 '또, 다시'로 반복되었다.

　석진이와 동생은 거실 문이 '철컥' 열리는 순간, 움직임을 멈춘다. 입은 다물고 눈빛은 바닥을 향한다. 눈에 띄지 않기, 숨죽이기, 불편한 기색 감지하기. 이것이 석진이네 집에서 생존을 위한 규칙이었다. 웃거나, 우는 것도 사치였다. 감정을 드러내어 시선을 끌면 더 큰 불안한 상황이 닥치기 때문이었다.

아이들은 무언가를 보고 배운다. 그것은 말보다 빠르고, 이성보다 깊다. 폭력적인 환경에서 자란 아이가 다시 누군가에게 폭력을 휘두르는 일은, 단지 습관의 모방이나 성격의 문제가 아니다. 이는 생존을 위해 학습된 감정 반응이 반복 재생산되는, 뿌리 깊은 심리적 결과다.

미국 워싱턴대 심리학자 리언텔 레나드(Leonard Eron)는 22년에 걸친 종단연구를 통해, 아동기에 부모의 폭력을 경험한 아이들이 성인이 되었을 때, 타인에게 신체적·언어적 공격을 가할 확률이 평균보다 2~3배 높다는 결과를 발표한 바 있다. 이 연구는 단순한 연관성이 아닌, '양육에서의 폭력 경험이 공격성 조절에 미치는 장기적 영향'을 통계적으로 증명해냈다. 이 연구가 시사하는 점은 분명하다. 부모의 폭력을 경험한 아이들은 단순히 맞거나 혼나는 순간의 고통만 겪는 게 아니다. 오랜 시간이 지난 후에도 그들의 내면엔 지워지지 않는 상처가 남아, 결국엔 다른 사람에게 폭력을 되돌려주는 악순환을 만든다.

왜 이런 일이 벌어질까?

인간은 어린 시절 부모의 모습을 그대로 복사하듯 배운다. 특히 부모는 아이에게 있어 최초의, 그리고 가장 영향력이 강력한 '모델'이다. 부모가 화났을 때 물건을 던지거나, 아이의 몸을 때리고 욕설을 퍼붓는 행동을 하면, 아이는 자연스럽게 '분노와 좌절을 표현하는 방법은 이런 것이구나'라고 학습한다. 이 과정에서 공격성은 문제 상황을 해결하는 수단으로 자리 잡게 되고, 아이의 뇌에 깊숙이 각인된다. 그렇게 공격성을 학습한 아이들은 자기감정을 통제하는 능력이 현저히 떨어지고, 사소한 갈등에도 분노를 터뜨리고, 작은 자극에도 쉽게 폭발하는 사람이 된다. 이들이 성인이 되었을 때 직장, 친구 관계, 연애, 결혼 생활 등 모든 인간관계에서 큰 어려움을 겪을 확률이 높아지는 이유다.

또 하나 치명적인 문제는, 부모로부터 받은 폭력이 자기 자신에 대한 가치감마저 붕괴시킨다는 점이다. 아이는 무의식적으로 자신이 사랑받을 가치가 없는 존재라고 여기게 된다.

"내가 맞을 만큼 부족한 존재인가?", "나는 존중받을 수 없는 사람인가?" 하는 의심이 마음속에서 자라난다. 이런 자존감의 상실은 우울, 불안, 자기혐오로 이어지며, 평생 아이의 내면을 괴롭히는 독으로 남는다. 결국 부모의 폭력은 아이의 미래를 망가뜨리는 가장 확실한 방법이다. 그 영향은 단순히 '맞은 자리의 멍'이 아니라, 아이의 마음과 인생 전반을 지배하는 깊은 '흉터'로 남는다. 부모의 손끝에서 시작된 폭력은 자녀의 평생을 따라다니며 아이의 행복과 미래까지 무너뜨리는 무서운 독약이라는 것을 기억해야 한다.

또한, 영국 런던대의 임상심리학자 클레어 휴스(Claire Hughes)는 2010년 연구에서, 만 3~4세 아동이 반복적인 위협 환경에 노출될 경우, 두뇌의 편도체(amygdala) 반응이 과활성화되어 이후 분노나 공포 자극에 즉각적이고 과도하게 반응하는 경향을 보인다고 밝혔다. 이는 이후의 사회적 판단력, 감정조절, 충동통제 능력까지 연결되는 결정적 변수다.

클레어 휴스 박사는 연구를 통해 어린 시설 위협석인 환성이 단순히 아이들의 감정에 일시적인 불안을 남기는 정도가 아니라, 뇌의 발달 구조 자체를 근본적으로 뒤흔든다는 충격적인 사실을 알아냈다. 아이들은 그저 "무섭다"거나 "싫다"는 감정을 느끼는 데서 그치지 않는다. 반복되는 위협 속에서 뇌가 실제로 변형되고, 마치 고장 난 경보기처럼 사소한 자극에도 과도하게 반응하는 방식으로 작동하게 된다는 점이다.

편도체(amygdala)는 우리 뇌 속에서 위험을 탐지하고 경고하는 일종의 '알람 센터'다. 정상적인 상황이라면 적절한 수준에서 활성화되어 위험을 알려주고 우리를 보호한다. 하지만 만 3~4세의 중요한 발달기에 지속적이고 반복적인 위협 상황(폭언, 협박, 심한 꾸중, 정서적 방치 등)을 겪게 되면 편도체는 필요 이상으로 민감해진다. 이로 인해 아이의 뇌는 마치 늘 위험 상황에 처한 것처럼 오작동하기 시작한다.

편도체가 과활성화된 아이는 일반적인 사회적 자극도 위험으로 오인한다. 친구가 사소한 농담을 해도 "나를 놀린다.", "나를 공격한다"라고 과민 반응하고, 교사의 평범한 지적도 과도한 비난이나 공격으로 받아들인다. 이는 사람들과의 관계 형성에서 심각한 장애를 일으키며, 친구와 어울리지 못하거나 고립되는 원인이 된다.

더욱 심각한 문제는 충동적인 행동이다. 과도하게 민감한 편도체는 아이가 생각하고 판단하는 과정 자체를 건너뛰고 바로 행동하게 만든다. 이로 인해 자신의 감정을 순간적으로 폭발시키거나, 폭력적이고 충동적인 행동을 하게 된다. 결과적으로 아이는 주변에서 "이상한 아이.", "위험한 아이"라는 낙인이 찍히고, 소외와 배척을 경험하면서 점점 더 불안하고 우울한 내면을 갖게 된다.

이 모든 과정은 단지 아이가 예민하거나 다혈질이라서 일어나는 것이 아니다. 지속적인 위협 환경이 아이의 신경계 자체를 왜곡시킨 결과다. 즉, 부모가 의도하지 않은 순간의 말과 행동이 아이의 뇌를 '위험 신호에 집착하는 뇌'로 바꿔 버린 셈이다. 이는 아이가 성장한 후에도 정상적인 관계를 맺고, 사회적·직업적 성공을 이루는 데 가장 큰 걸림돌이 될 수밖에 없다.

부모는 아이를 대할 때 반드시 기억해야 한다. 아이의 뇌는 부모가 제공하는 환경에 따라 회복 불가능할 정도로 민감하게 변화할 수 있으며, 이런 변화가 평생 아이의 삶을 지배할 수 있다는 사실을 말이다.

미래의 세상은 이전보다 더 복잡하고 불확실성이 높다. AI와 기술이 주도하는 시대에는 단순히 주어진 일만 잘하는 사람보다, 유연하게 문제를 해결하고, 창의적으로 사고하며, 타인을 내 편으로 만드는 역량을 가진 사람이 필요하다. 즉, 미래형 인재가 되기 위한 핵심 역량은 감정 조절력과 사회적 유연성, 그리고 자율적 사고다. 이런 역량은 부모와의 관계에서 가장 먼저 형성된다.

이를 위해서는 권위적이고 수직적인 부모상이 아닌, 수평적이고 친구 같은 부모의 역할이 반드시 필요하다. '친구 같은 부모'란 단순히 아이와 놀아주거나 다 받아주는 부모를 의미하지 않는다. 아이와의 관계에서 권위 대신 신뢰를, 명령 대신 대화를, 처벌 대신 이해를 중심으로 두는 부모를 말한다.

첫째, 친구 같은 부모는 자녀와의 대화를 통해 감정을 이해하고 조절하는 방법을 자연스럽게 가르친다. 아이가 스스로 생각과 감정을 표현하게 격려하고, 부정적 감정도 충분히 표현하도록 허용한다. 이렇게 자란 아이는 자신의 감정을 부정하지 않고 수용하며, 스스로 감정을 다룰 수 있는 능력을 갖추게 된다.

둘째, 부모가 친구 같은 태도를 유지하면 아이는 실수를 두려워하지 않는다. 실수를 해도 비난받는 게 아니라 격려받고 지지받는 환경에서 자란 아이는 실패를 문제 해결의 과정으로 인식한다. 이러한 경험은 도전 정신과 문제 해결력을 높여 미래 사회에서 필수적인 창의성과 자율성을 강화하는 바탕이 된다.

셋째, 수평적이고 열린 소통이 가능한 가정에서 자란 아이는 사회적 관계 맺기와 협력에도 능숙해진다. 부모와 자유롭게 의견을 주고받으며 자란 아이는 다양한 의견을 수용하고 존중하는 법을 배우게 된다. 이는 학교, 직장, 사회에서 필수적인 협업 역량을 높이며, 다른 사람들과 긍정적인 관계를 유지하는 데 큰 도움이 된다.

결국, 미래 세상에서 아이가 살아남고 경쟁력을 가지려면, 부모의 역할이 근본적으로 바뀌어야 한다. 권위를 앞세워 명령하고 통제하는 부모가 아니라, 신뢰와 공감을 바탕으로 아이의 성장을 지지하는 친구 같은 부모가 되어야 한다. 아이의 미래 경쟁력은 이제 부모와 아이의 관계에서 시작되고, 그 관계의 중심에는 반드시 수평적이고 따뜻한 대화가 있어야 한다.

완벽주의 부모가 만드는
망가진 아이들

재은이 엄마는 늘 단정하고 고운 모습으로 주변의 시선을 끌었다. 머리카락 한 올 흐트러짐 없이 가지런히 빗어 넘긴 단발, 눈에 띄는 로고 하나 없는 차분한 옷차림, 또박또박 정제된 말투까지. 그녀는 언제나 흐트러짐 없는 '품격'을 유지하는 사람이었다.

"아이에게 품격 있는 엄마가 되어야 해요."

이것이 그녀의 신념이자 좌우명이었다. 학교 행사나 상담 시간마다 교사들은 "재은이 어머닌 참 깔끔하세요"라고 인사를 건넸다. 그러나 그 말 뒤에는 언제나 보이지 않는 뒷말이 붙어 있었다. '재은이는 좀 힘들겠구나.'

재은이의 하루는 엄마가 정한 기준을 하나하나 통과해야 하는 시험지와도 같았다. 이불은 각 잡아 개켜야 했고, 식탁에서는 허리를 곧게 세운 채 조용히 밥을 먹어야 했다. 친구를 만나러 갈 때조차도 머리끈의 색과 신발의 모양까지 '단정하게 보이는가?'가 판단 기준이었다. 캐릭터 티셔츠나 반짝이는 액세서리처럼 아이들이 좋아하는 물건은 허락되지 않았다.

"저렴해 보이는 건 절대 안 돼. 이미지는 무너지면 회복하기 힘들어."

엄마는 늘 그렇게 말했다.

재은이는 아직 초등학생이었지만, 언제 어디서나 점잖고 공손한 아이처럼 행동해야 했다. 댄스를 배우고 싶다고 조심스레 말했을 때, 엄마는 단칼에 잘라버렸다.

"그건 가볍고 산만한 애들이나 하는 거야. 넌 그런 아이 아니야."

아이의 취향과 호기심은 한순간에 무의미해졌다. 일기장 역시 검열 대상이었다. 글씨가 조금만 삐뚤어도 다시 쓰게 했고, 감정을 솔직하게 드러내면 "천박하다, 예의 없어 보인다"는 꾸중이 돌아왔다. 학교에서 강렬한 색으로 독특하게 그린 그림 또한 칭찬받지 못했다. 대신 "조화롭지 않다, 산만하다"는 이유로 결국 찢겨나갔다. 예술도, 감정도, 취향도 정해진 틀 안에서만 허락되었다.

그렇게 시간이 쌓이면서 재은이에게 남은 건 언제나 '괜찮아 보이는 표정'뿐이었다. 기뻐도, 놀라워도, 화가 나도 감정은 퇴고

된 글처럼 다듬어져야 했다. 반사적으로 떠오른 마음은 곧바로 표현되지 못했다. 그보다 먼저 떠오르는 건 늘 같은 질문이었다. "엄마가 이걸 보면 뭐라고 할까?"

타인의 시선과 감정이 자기 마음보다 앞서는 아이, 이것이 바로 완벽주의 부모 밑에서 자란 아이가 체득하는 독특한 내면 작동 방식이다.

심리학자 도널드 위니컷은 이런 현상을 두고 '거짓 자아(false self)'라는 개념을 제시했다. 그는 부모의 과도한 이상화와 통제가 아이에게 어떤 내적 상처를 남기는지 설명하며, "아이의 진짜 자아는 부모의 욕망을 채워주는 틀 안에서는 자라날 수 없다. 억눌린 자아는 평생을 통과의례 없는 유령처럼 떠돌게 된다"고 경고했다. 여기서 말하는 거짓 자아는 단순히 착한 척하는 태도나 상황에 맞춰 연기하는 모습을 뜻하지 않는다. 그것은 부모의 기대를 충족시키기 위해 자기감정을 깊은 내면 어딘가에 가두고 살아가는 방식이다. 처음에는 사랑받기 위한 선택이었고, 인정받기 위한 방어였다. 그러나 시간이 지날수록 아이는 진짜 감정을 느끼는 것조차 서툴러지고, 자기 욕망이 무엇인지조차 잊게 된다.

이런 환경에서 자란 아이가 가게 되는 길은 크게 두 가지다. 하나는 부모의 기대에 맞춰 '완벽한 껍데기'를 끝까지 유지하며 살아간다. 겉으로는 사회적으로 무난하고 문제없어 보이지만, 그 속은 늘 공허하다. 자신이 누구인지 모른 채 타인의 기대를 채우는 데만 힘을 쏟기 때문이다. 다른 하나는 그 껍데기를 거부하며 '무기력한 반항자'로 남는 것이다. 이 경우에는 자포자기와 자기파괴가 반복되며, 때로는 극단적인 선택으로 이어지기도 한다. 두 길 모두 결국 아이가 자기 삶을 주체적으로 살아가지 못하게 만든다는 점에서 본질은 같다.

이 문제는 결코 어린 시절의 불편한 경험으로 끝나지 않는다. 성인이 되어서도 자기 선택을 두려워하고, 완벽한 기준에 맞추려고 안간힘을 쓰며, 감정을 드러내는 데 서툴다. 누군가의 기준안에서만 살아왔기에, 그 기준이 사라지는 순간 삶의 방향을 잃고 무너지는 경우가 허다하다.

부모는 아이에게 끊임없이 기준과 모범을 요구하면서도, 정작 아이가 그 속에서 숨 막혀한다는 사실을 보지 못한다. 하지만 아이의 정서가 건강하게 자라려면, 사랑받기 위해 충족해야 하는 조건이 없어야 한나. 기뻐할 때, 울 때, 실수할 때, 방황할 때조차도 그 자체로 괜찮다는 경험이 쌓여야 한다. 그래야만 아이는 자신이 누구인지 탐색할 수 있고, 자기만의 삶을 그릴 수 있다.

완벽주의는 겉보기에만 아름답다. 그것은 아이를 부모가 원하는 이상적인 작품처럼 보이게 만들 수는 있어도, 살아 있는 사람으로 키우지는 못한다. 부모의 기대를 충족할 때만 사랑받을 수 있다는 신호는 아이에게 치명적인 내면 메시지를 남긴다. 결국 아이는 '나는 내가 아니다'라는 혼란 속에 머물게 되고, 삶의 주체성을 잃어버린다.

그러니 부모가 해야 할 일은 의외로 단순하다. 아이가 어떤 모습으로 있든, 기뻐하거나 울거나 실수하거나 방황하더라도 그 곁에 조용히 있어 준다. 부모가 먼저 "완벽하지 않아도 괜찮다"는 태도를 보여줄 때, 아이 역시 자기의 모난 부분을 숨기지 않고 살아갈 수 있다.

"그건 너니까 괜찮아."

이 말을 들어본 아이만이 타인의 기대에 갇히지 않고, 자기 인생을 스스로 살아가는 사람으로 자라난다.

"내 아이에게 주고 있는 건, 약인가 독인가"

아이를 키우다 보면 가끔 이런 생각이 들 때가 있다.

"혹시 내가 내 아이한테 너무 집착하고 있는 건 아닐까?"

"나도 모르게 나의 엄마처럼 또는 아빠처럼 말한 것 같은데… 나 지금 누구 따라 하고 있는 거지?"

그렇다면 당신은 정상일 가능성이 크다.

그런데 반대로, "나는 절대 문제없어. 애가 문제지."라고 말하는 쪽이라면… 음, 잠깐 진지한 고민이 필요하다.

영국의 알리슨 코너는 NHS에서 은퇴한 뒤, myhorridparent. com이라는 사이트를 만들었다. 이름부터 강력하다.

"끔찍한 부모를 둔 사람들을 위한 생존 매뉴얼."

이 사이트에는 독성 부모의 대표적인 유형들이 소개되어 있는데, 우리 주변에서도 흔히 볼 수 있는 인물들이 수두룩하다. 아니, 솔직히 말해 우리 자신에게도 한 스푼쯤은 있을지도 모른다. 알리슨 코너는 이 사이트를 통해 독성 부모로 인해 고통받는 자녀들에게 유용한 정보를 제공하고, 그들이 삶의 다음 단계로 나아갈 수 있도록 돕고 싶다고 말한다.

그렇다면 지금부터 이 '독성 부모'의 유형을 하나씩 살펴보며, 우리 안에 남은 그 한 스푼을 함께 비워보자.

첫 번째는 위압형 엄마다.

"이 옷 입어. 이게 훨씬 나아 보여."

"엄마 말대로 해. 다 해봤어."

질문은 없고, 선택도 없다. 아이가 어렸을 땐 어리다고 지시하고, 나이가 들면 살아온 연륜으로 찍어 누른다. 아이는 결국 자기 목소리를 잃어버린다.

두 번째는 분노형 엄마.

"이걸 지금 숙제라고 한 거야?"

"엄마는 네 표정이 마음에 안 들어."

날씨가 흐려도, 일이 안 풀려도, 부부싸움이 나도 결국 화살은 아이에게 향한다. 아이는 이유 없는 꾸지람에 익숙해지고, 감정을 숨기며 산다. 샌드백 같은 존재가 되어간다.

세 번째는 선망형 엄마다.

"엄마는 못했지만, 넌 꼭 해야 해. 엄마가 열심히 뒷바라지해 주잖아."

자신의 미완성된 인생 프로젝트를 아이에게 넘기며, 그것을 사랑이라고 착각한다. 아이는 부모의 꿈을 짊어지고 스스로의 꿈을 포기한다. 짓눌린 무게는 숨조차 쉬기 어렵다.

네 번째는 경쟁형 아빠. 자신의 자녀가 잘하면 기뻐하기보다,

슬쩍 트집을 잡는다.

"내가 네 나이 땐 더 잘했어."

"그건 그렇게 잘한 것도 아냐."

아빠보다 뛰어난 자녀를 인정하지 못하고, 끊임없이 자신의 우월감을 확인하려 든다. 어렸을 때는 그러려니 했던 아이는 점점 이런 아빠가 우습게 보이고, 남들에게 보여주기 창피하다.

다섯 번째는 분노형 아빠.

"시끄러워, 나 건들지 마."

"왜 이렇게 말귀를 못 알아들어!"

화를 낼 기회만 찾는 듯한 표정, 상시 대기 중인 짜증. 집안의 모든 불을 켜도 이 아빠 앞에선 마음이 어둡고 무겁다. 그래서 두렵고 불안한 마음을 안고 산다.

여섯 번째는 수동형 아빠. 자신의 의견은 거의 없다.

"엄마한테 물어봐."

"네 엄마가 다 알아서 할 거야."

이런 말이 아빠의 단골 대사다. 책임은 피하고 존재감은 희미하다. 아이는 이 아빠에게서 배우는 것이 없다. 결국 자신도 그렇게 살아도 괜찮다고 믿고, '약한 어른'으로 자란다.

부모는 종종 말한다.

"아이에게 그리 큰 영향을 주겠어?"

"타고난 성격인데, 어쩌라고?"

하지만 이 무심한 말과 태도가 아이에게 독이 된다. 돈이 없어 좋은 걸 못 먹여도, 비싼 학원을 보내지 못해도, 독은 주지 말아야 하지 않을까?

내가 무심코 내뱉은 말, 내가 아무 생각 없이 흘린 표정, 내가 아이 앞에서 반복한 행동 하나하나가 아이의 내면을 만든다는 사실을 기억해야 한다.

오늘부터라도 우리 안의 '한 스푼'을 점검해 보자. 그리고 그걸 비워내자. 그래야 아이는 진짜 자기 모습으로 살아갈 수 있다. 부모의 그림자가 아닌, 스스로의 햇살을 따라 걷는 아이로 말이다.

Chapter

⑤

이렇게 키우면
확실히
망합니다

아이를 망치고 싶다고요? 쉽습니다.

거창한 이론도 필요 없죠.

그냥 매일 하는 말을 조금 더 반복해 주면 됩니다.

"넌 잘못한 게 없어."

"돈 없으면 사람도 아니야."

"결혼은 여자만 손해야."

"감정은 사치야."

익숙하다면, 이미 절반은 성공하신 겁니다.

이 파트는 '역설의 기술서'입니다.

우리가 사랑한다는 이름으로 얼마나 성실히

아이의 가능성을 꺾고 있는지,

웃기지만 슬프게 보여드리려 합니다.

그러니 지금부터, 그 반복의 기술을 하나씩 살펴봅시다.

웃으면서요. 웃을 수 있을 때, 고칠 수 있으니까요.

결혼이 무섭고, 연애는 귀찮고, 결국 부모 밥 먹는 어른으로 키우려면?

결혼이 무섭고, 연애는 귀찮고, 결국 부모 밥 먹는 어른으로 키우려면?

방법은 간단하다. 따로 학원 다닐 필요도 없다. 매일 집안에서 몇 마디 말만 반복하면 된다.

가장 먼저 해야 할 일은 '배우자를 디스하는 말'을 습관처럼 아이에게 들려주면 된다.

"너희 엄마는 감정 기복이 심해. 아는 척도 심하고, 진짜 피곤하다."

"네 아빠는 책임감이 없고 성실하지도 않잖아. 저러니까 회사도 겨우 다니는 거야."

이런 말은 아이의 귀에는 농담처럼 들릴 수 있지만, 마음속에는 조용히 새겨진다.

'사랑=상처', '결혼=마지못해 사는 것'이라는 공식이 그렇게 형성된다.

부모가 서로를 얼마나 싫어하는지를 실시간 중계하는 장면들이 반복되면, 아이의 마음엔 이런 질문이 뿌리처럼 자란다.

"이럴 거면, 결혼은 왜 해?"

두 번째 단계는 자녀의 연애에 적극 개입해서, 가능성 있는 모든 사람을 반대하는 것이다.

"여자 잘못 만나면 인생 망한다."

"쟤는 여우처럼 생겼어. 남자한테 꼬리 칠 상이야."

"네 눈이 이상한 거야. 우리 아들이 아깝지."

이쯤 되면 아들딸은 자신의 감정보다 엄마의 안색, 아빠의 표정이 더 중요해진다. 나중엔 누군가를 좋아하더라도 "어차피 또 반대할 텐데…" 하며 스스로 마음을 꺼 버린다.

연애가 아니라 심사 통과 프로젝트가 되어 버리기 쉽다.

또, 딸에게는 결혼을 인생의 종말처럼 인식시키는 특수 훈련도 빠지면 안 된다.

"결혼은 여자만 손해 보는 장사야."

"시집가면 네 인생은 끝이야."

"남자는 다 똑같아. 네 아빠 봐봐."

결혼이 마치 패배인 것처럼 들리는 이 대사들이 반복되면, 딸은 누군가를 사랑하는 것 자체를 두렵고 손해 보는 일로 여기게 된다. 연애 감정은 자라기 전에 말라버리고, 혼자 있는 게 차라리 편한 일이 된다.

그리고 결정타. 바로 부부싸움 실시간 중계 서비스다. 아침엔 냉전, 저녁엔 고성방가. 문은 쾅쾅, 다음 날은 무한 침묵. 이런 집 안 분위기 속에서 아이는 아주 어릴 때부터 확신하게 된다.

"결혼이 저런 거라면, 안 하는 게 낫지."

여기에 보너스 팁도 있다. 자녀가 연애를 시작할 것 같으면 미간에 주름을 세 개쯤 만들고 이렇게 말해주자.

"돈 없으면 사랑도 식는다. 돈 없는 애 만나봤자 뭐하니?"

"직업도 마음에 안 들어. 결혼하면 너만 고생하겠다."

"나중에 울고불고하며 도와 달라고 해도, 아빠랑 엄만 모른다."

이렇게 미리 실패를 점괘처럼 내려주면, 아이는 부모의 반대 뒤에 편안하게 숨을 수 있다.

"나도 해보고 싶었는데, 부모님이 반대하셔서…."

핑계가 마련되면, 시도는 더더욱 멀어진다.

결과는 예상 그대로다. 자식은 서른을 지나 마흔에 가까워져도 여전히 부모 밥을 먹고, 부모 잔소리로 하루를 시작한다. 연애는 어색하고, 결혼은 막연하고, 누군가를 좋아하는 감정마저 불편하게 느껴진다. 누군가 다가오면, 본능적으로 '거절'을 먼저 연습하게 된다.

그런데도 결국, 부모는 이렇게 말한다.

"다른 집 애들은 결혼도 하고 애도 낳고 잘만 살더라."

"넌 언제 철들 거냐?"

사랑은 하지 말라고 해놓고, 애는 왜 낳지 못하냐고 뭐라 한다. 결혼은 망한다고 해놓고, 왜 아직 혼자냐고 화낸다. 자녀 입장에서 보면, 연애는 금지인데 결혼은 의무라는 셈이다.

정작 딸이 자라며 들은 말은 이랬다.

"결혼하면 손해야."

"네가 아깝지, 쟤 안 돼."

"남자 믿지 마. 결국 다 떠나."

"지금은 공부가 먼저지, 연애는 나중에."

딸은 그 말들을 그대로 믿었고, 그대로 살아왔다. 결국은 시도조차 하지 않는 사람이 되었다. 마음은 있지만, 연애와 결혼이라는 세계는 그저 낯설고 두려운 영역으로만 남는다. 부모가 '보호'라는 이름으로 쳐 놓은 울타리 안에서 자식은 연애를 겁내고, 결혼을 회피하고, 사랑의 가능성조차 잠가 버린다. 결혼을 늦춘 게 아니다. 배운 대로 피했을 뿐이다.

게임만 하고
삶을 포기한 아이로 만들려면?

게임만 하는 아이로 키우는 법, 사실 어렵지 않다. 어떤 특별한 훈육 이론도, 고가의 교육 콘텐츠도 필요 없다. 단 세 가지만 기억하면 된다.

통제하지 말고, 대신하지 말고, 신경 쓰지 말기.

가장 먼저 해야 할 일은 무제한 게임권 개방이다.

"주말이니까 더 해도 돼.", "평일이니까 잠깐만 해" 같은 말도 귀찮다면, 이렇게 말해주면 된다.

"하고 싶은 만큼 해. 엄마는 네가 행복하면 돼."

그러면 아이는 곧 깨닫는다. 현실은 복잡하고 느리지만, 게임은 단순하고 빠르다는 걸. 눈앞의 자극에만 반응하면서, 가상 세계에 머무는 시간이 점점 길어진다.

그다음은 가족 대화의 게임화다.

"어제 그 몬스터 어떻게 잡았어?"

"너 지금 랭크 몇 위야?"

이런 대화가 일상이 되면, 아이는 자신을 '학생'이나 '자녀'가 아닌, 게임 캐릭터의 2차 창작물 정도로 여기게 된다. 현실에서의 성취보다 게임 속 장비 세트가 더 중요해지고, 삶은 점점 직접 느끼는 게 아니라, 게임해서 얼마나 쌓였느냐로만 평가하게 된다. 공부는 "그거 해서 뭐 되겠니?", 운동은 "몸 키워서 뭐 하게? 캐릭터만 키워", 독서는 "이벤트 정보 검색하는 것도 독서야"라는 말로 조롱해 주자. 이렇게 게임 외 세계를 무의미하게 만들어주면, 아이는 자신에게 다른 가능성이 있다는 사실 자체를 잊는다. 게임 속 세계가 유일한 나의 우주가 되고, 게임이 없으면 나도 없는 존재가 된다.

그리고 결정적 한 수는, 부모가 먼저 게임에 진심인 모습을 보여주면 된다.

아빠는 퇴근 후 FPS에서 킬뎃(K/D)을 고민하고, 엄마는 스마트폰 퍼즐 게임으로 하루 스트레스를 푼다.

"엄마 지금 수확 중이야. 말시키지 마."

이런 풍경이 반복되면, 저녁 식탁은 모니터, 가족 대화는 채팅, 관심사는 모두 랭킹 순으로 재편된다. 물론 부모는 이런 환경 속에서도 아무렇지 않게 말한다.

"요즘 애들은 원래 다 게임하더라."

"나도 어렸을 때 오락실에서 살았어. 근데 다 잘 컸잖아."

그 말은 곧, 게임 외에는 아무것도 안 해도 된다는 자기 합리화의 근거가 된다. 지금 당장 조용하면 그걸로 된 거고, 나중에? 나중엔 어떻게든 되겠지. 이러는 사이, 아이는 조금씩 변해 간다. 아침에 눈 뜨자마자 로그인하고, 밤에는 자다가도 접속한다.

수면은 게임 뒤로 밀려, 실컷 게임하고 시간 나면 하는 일 정도가 된다. 하지만 부모는 이렇게 말하며 넘긴다.

"피곤하면 자겠지."

"젊으니까 괜찮잖아. 안 자도 멀쩡한 거 보면."

한창 잘 먹어야 할 시기, 아이는 식사도 거른다. 배고픔보다 전장 진입이 우선이고, 식사는 게임을 방해하는 귀찮은 변수일 뿐이다. 대충 라면이나 햄버거로 때우는 게 기본이 되고, 부모는 "밥

먹었니?" 한마디 묻고 "먹었어."라는 퉁명스러운 대답에 안심해 버린다.

감정 기복은 점점 심해진다. 현실에서는 멍하니 무표정, 게임 앞에선 환호와 분노. 감정은 오직 가상에서만 살아 있고, 현실은 무미건조한 배경처럼 느껴진다. 이 정도는 그나마 낫다. 시간이 지나면, 게임에서 실패한 감정이 현실로 튀어나온다. 책상을 내리치고, 물건을 부수고, 모니터에 욕을 퍼붓는다. 하지만 가족과의 대화는 철저히 닫는다. 그런데도 부모는 진지하게 걱정하기보다 대충 추측으로 넘긴다.

"사춘기니까 그럴 수 있지."

"시간 지나면 괜찮아지겠지."

뉴스에서 게임 중독 이야기가 나와도, "우리 애는 다르다"는 근거 없는 낙관으로 모든 걸 덮는다. 그러나 현실은 그리 관대하지 않다.

한국청소년정책연구원(2022)에 따르면, 초등학생의 34.2%, 중학생의 29.6%가 '게임 과몰입군'에 해당한다고 한다. 초중고생 열 명 중 세 명 이상이 게임 세상에서만 살고 있다는 의미이다. 하지만 부모는 이렇게 말한다.

"우리 애는 게임을 좀 많이 하긴 해도, 중독은 아니에요."

그 말은 마치, 매일 술 마시는 사람이 "나는 알코올 중독까진 아니야"라고 말하는 것과 비슷하다. 아이보다 부모가 더 상황을 모른다. 하루 3~4시간은 기본인데도, 걱정할 일이 아니라고 여긴다.

서울대학교병원 정신건강의학과 연구팀은 게임 과몰입 아동의 도파민 반응 변화가 둔화된다고 경고한다. 현실의 자극엔 무감각해지고, 무기력해질 위험이 크다고 한다.

게임은 강한 도파민 자극을 유발하는 활동이다. 하지만 자극이 너무 잦고 강해지면 뇌는 "더 센 거 줘"라고 요구한다. 결국 산책, 친구와 대화, 책 읽기, 시험 점수 오르기 같은 평범한 활동에서는 도파민이 나오지 않는다. 뇌가 평범한 일상에 반응하지 못하는 상태, 말하자면 신경학적 마비에 가까운 수준이다. 아이는 말한다.

"재미없어."

"귀찮아."

"왜 해야 돼?"

그건 게으름이 아니라, 뇌가 이미 한쪽으로만 길들여졌다는 신호다.

WHO(세계보건기구)는 게임 과몰입을 '게임 장애(Gaming Disorder)'라는 공식 질병으로 분류했다. 그 진단 기준은 명확하다. 게임 외 활동에 대한 무관심, 일상 기능 저하, 자기 통제력 약화. 그리고 이건 우리가 흔히 하는 생각을 정면으로 부정한다.

"조금만 하면 괜찮아지겠지."

"시간 지나면 스스로 조절하겠지."

스스로 조절이 안 되는 상태, 그걸 우리는 '질병'이라 부른다. 만약 아이가 식사를 건너뛰고, 게임 때문에 등교를 거부하고, 학교에서도 졸고, 집중하지 못하며, "끊고 싶은데 잘 안 돼요"라고 말한다면, 그건 더 이상 '취미'의 영역이 아니다. 의료적 개입이 필요한 상태다.

이 상태에 이르러 부모가 "쟤는 게임 말고는 아무것도 못해요"라고 후회하기 위해서는, 귀찮다는 이유로 규칙을 미루고, 바쁘다는 핑계로 대화를 줄이며, 다 괜찮다는 말로 불안을 덮고, 무관심과 방치의 기술을 정성스럽게 발휘하면 된다.

경제관념 없는
어른으로 만들고 싶다면?

경제관념이란 뭘까? 쉽게 말해, 돈이 어디서 오고, 어떻게 쓰이며, 왜 아껴야 하는지를 아는 감각이다. 더 간단히 말하면, "돈은 무한 리필이 아니다"라는 걸 아는 능력이다. 그리고 그 능력을 무너뜨리는 방법은 아주 쉽다. 정말, 너무도 쉽다.

첫째, 집안의 기둥뿌리를 뽑아서라도 아이가 원하는 건 다 사주자.

마트에서 떼를 써도 OK. 온라인 쇼핑몰에서 신상품이 뜨면 선제 예약. 아이 생일, 크리스마스, 어린이날, 시험 등수 안에 든 날, 그리고 그냥 기분이 좋은 날까지….

"이건 꼭 사줘야 해"라는 핑계를 만들어서 뭐든 사주면, 아이는 곧 이런 생각을 하게 된다.

"돈은 원하면 언제든 나오는 거야."

돈의 가치보다 '소비의 쾌감'을 먼저 배운 아이는, 나중에 통장 잔액보다 기분이 좋아지는 도파민 수치를 더 중요하게 여긴다. 여기서 기쁜 소식 한 가지는 이 감각은 한 번 익히면, 좀처럼 바뀌지 않는다는 것.

둘째, 집안 사정은 철저히 비밀로 하자.

"너는 그런 거 몰라도 돼."

"돈은 우리가 알아서 하는 거야, 그건 어른들 일이야."

이 두 마디면 충분하다. 가계의 지출, 절약의 이유, 저축의 목적 따위 공유하지 않는다. 생활비가 빠듯해도 외식은 자주 하고, 명품 아닌 옷은 못 입게 만든다. 또 아이의 두 손에는 부모 카드를 꼭 쥐여 주고 이렇게 말해야 한다.

"아빠와 엄마는 힘들게 살았지만 너만은 궁색하게 살게 하지 않을 거야."

"그냥 네가 필요한 거 다 사."

가격은 모르고, 필요도 모르지만, 결제는 끝난다. 결제만 하면 뭐든 해결되는 세상, 아이 눈엔 이 세상이 마치 무한 리필이 가능한 레스토랑으로 보일 것이다.

셋째, 절약은 궁상이라며 비웃자.

잔돈 모으는 저금통? 없다. 할인 쿠폰? 없어 보여.

절전모드? 뭐를 그리 아끼겠다고. 심지어 물건을 오래 쓰는 것도 부끄럽게 여긴다.

"너는 그런 거 신경 쓰지 마. 엄마 아빠가 다 알아서 해."

그 말은 곧 이렇게 들린다.

"경제는 부모 전용 콘텐츠니까 닌 관여하지 마."

이런 교육의 장점은, 아이가 돈을 인생에서 '공짜처럼 오는 것', 혹은 '누가 다 알아서 해결해 주는 것'으로 믿게 된다는 점이다. 이쯤에서 부모는 자기 합리화를 시작한다.

"지가 커서 돈 벌어보면 다 알겠지."

"요즘은 애들한테 돈 이야기하면 안 좋대."

아니다. 아이가 시간이 지나면서 알아서 깨닫는 것은 이 세상에 존재하지 않는다. 보면서 따라 하고, 들으면서 믿는다. 그렇게 자란 아이는 20대가 되면 이런 사람이 된다. 알바비를 하루 만에 탕진하고, 신용카드를 체크카드처럼 쓰며, 이자와 원금의 차이를 모른 채 '한도'라는 개념 없이 사는 사람. 그에게 한도초과란 경고가 아니라, 어차피 누군가 해결해 줄 일이다.

월급은 며칠 못 가고, "내가 돈을 쓴 건 기억 나는데, 어디다 썼는지 모르겠어"가 입버릇이다. 그런데도 당당하다.

"왜? 무슨 문제 있어?"

"부모님이 또 도와주실 거야. 이 정도는 기분 내도 괜찮아."

결혼 후에는 더 재밌어진다. 소비 습관은 여전히 고쳐지지 않아, 배우자의 불만은 점점 쌓여갈 것이다.

"왜 또 부모님께 손 벌려?"

"결혼했으면 책임감 있게 살아야지."

"당신은 정말 돈 개념이 없어."

이런 비난을 들은 아이는 다시 부모에게 하소연한다.

"왜 나를 경제적으로 준비시키지 않았느냐."

"내가 이렇게 된 건 부모님 탓도 있다."

"결혼도, 인생도 너무 힘들다."

그렇게 다시 돌아온 아이를 부모가 또다시 받아주게 된다. 결국 돈을 보태주고, 갈등을 덮고, 문제가 해결된 척 넘어간다. 이런 과정이 반복되면, '부모의 지원 → 배우자의 비난 → 자녀의 하소연 → 부모의 수습'이라는 파국의 루프가 고착된다. 이 악순환은 가족 전체를 피로하게 만들고, 정서적·재정적 에너지를 모두 소진시킨다.

결국 이는 경제 교육을 게을리한 부모와 소비만 배운 자녀가 함께 만든 가족 파탄의 순환 구조라 할 수 있다. 이와 같은 악순환은 부모의 재산이 모두 사라지고 그들의 수입이 '0'이 될 때까지 계속된다. 부모의 도와달라는 부탁에 아이는 이렇게 말한다.

"왜 나한테 부담을 줘요? 본인 노후는 알아서 챙기셨어야죠."

이 지경이 돼서야 소비 버튼은 쉽게 눌렀지만, 책임 설명서는 한 번도 읽혀주지 않은 부모는 땅을 치고 후회하게 된다.

이 아이는 부모에게만 실망과 후회를 주는 선에서 끝나지 않는다. 신용 관리의 실패로 시작한 사회적 신뢰는 카드 연체, 대출 불이행 그리고 끊이지 않는 금전 트러블을 일으키며 추락하고, 부모에게 더 이상 나올 것이 없다고 생각한 순간 친구, 연인, 직장 동료와의 돈 문제로 마찰을 자주 일으킨다.

돈을 '현재의 도구'로만 인식하고 미래에 대한 준비를 하지 못한 사람이 노후에 경제적인 문제로 고생하는 그림은 자연스럽다. 그저 부모가 잘못된 방식으로 너무 '착하게, 열심히, 잘해준 대가'는 어느 한 사람도 행복한 결말을 가져오지 못한다.

그러니 다시 말하지만, 경제관념 없는 아이로 키우고 싶다면, 지금처럼만 해도 충분하다. 원하는 건 다 사주고, 현실은 가려주고, 돈을 어떻게 경영해야 하는지에 대한 이야기는 절대 꺼내지 말자.

고집 센 어른으로
키우려면?

우리 아이는 왜 이렇게 고집이 셀까? 고민하며, 태어날 때부터 고집스러웠다고 우기는 부모도 있다. 부모가 아주 공들여 길러낸 결과인데 말이다.

아마 떼쓰면 즉각 들어주고, 조용하면 무시하고, 울면 사주고, 얘기하면 '시끄러워'를 반복했을 가능성이 크다.

함께 잘 사는 건 싫고, 타협은 약자나 하는 짓이라고 믿으며, "나는 틀릴 수 없는 사람이다"라는 태도로 살아가게 하는 부모의 역할은 의외로 간단하다.

첫째, 일관성 없는 수용을 실천하자.

같은 상황인데도 어떤 날은 들어주고, 어떤 날은 거절한다.

"사탕은 밥 먹고" 했다가, 다음 날은 "조용히 해, 하나만 사줄게."

며칠만 반복하면 아이는 똑똑하게 학습한다.

학습 완료. 이제부터 '떼쓰기'가 정답이다.

둘째, 질문과 경청 따위는 버리자.

"왜 그렇게 생각해?" 같은 질문은 봉인하고, "조용히 해!", "하지 마!"를 반복한다.

이런 환경에서 자란 아이는 듣는 법을 배우지 못한다.

자신이 이해받지 못했으니, 남을 이해할 이유도 없다.

결국 자기 주장만 반복하며, 고집은 폭풍 성장하고 대화력은 실종된다.

셋째, 감정 폭발은 무조건 받아주자.

물건을 던지고, 문을 쾅 닫고, 욕을 해도 "지금은 화나서 그런 거야", "그 나이 땐 다 그래"라며 덮는다.

그러면 아이는 이렇게 배운다.

"화내면 다 용서된다. 감정조절은 약자들이나 하는 짓."

이 아이는 자라서 이렇게 행동하게 된다. 회의 시간에 기분이 나쁘면 자리를 박차고 나간다. 상사의 지시엔 "근데 왜 꼭 그렇게 해야 하죠?"라며 반항하고 자기 마음대로 한다. 팀워크는 '희생'이라 여기고, 타인의 말은 '간섭'이라 받아들인다. 의견 조율은 자신이 진 것 같아 불쾌하고, 규칙은 자신의 기분과 충돌하면 무시해도 된다고 믿는다. 모든 문제는 타인의 탓이다.

"거봐요. 내 말 안 들어서 그렇잖아요."

"그쪽이 먼저 그랬어요."

사과는 없다. 반성도 없다. 있다면 분노뿐이다. 자신의 언행으로 문제가 생겨도 이렇게 말한다.

"나는 솔직한 성격일 뿐이에요."

"불의를 보면 참지 못하는 사람이에요"

하지만 그건 솔직함이 아니라, 분노 조절 실패에 가까운 고집의 또 다른 얼굴이다. 그러다 결국, 어디서든 적응하지 못한 채 이직을 반복하고, 인간관계는 늘 갈등으로 얼룩지며, 자기 안의 고집을 합리화하기 위해 이렇게 중얼거리게 된다.

"나는 틀리지 않았어. 다들 왜 나를 못 받아주는 거야."

하지만 그 고집은 자존감이 아니다. 그건 부모가 대화 대신 지시를 택하고, 공감 대신 훈계를 택하고, 일관성 대신 기분대로 반응한 결과물이다.

그러니, 사회가 감당 못 할 고집불통을 만들고 싶다면 그 세 가지를 계속하면 된다. 다만, 나중에 이렇게 말하지 않길 바란다.

"왜 우리 아이는 세상과 자꾸 부딪힐까?"

이 모든 설계는 따로 없다. 오늘 저녁, 당신이 또 외칠 그 한마디에서 시작된다.

유능한 도둑놈으로
키우고 싶다면?

정직하게 살라는 말, 이제 구시대 유물이 된 지 오래다. 정의, 양심, 도덕성? 다 알지만, 그걸로는 세상을 못 이긴다고? 좋다. 그렇다면 아이에게 똑 부러지게 가르치자.

"걸리지만 않으면 된다."

가장 먼저 해야 할 일은, 공공장소를 '내 집처럼' 사용하는 모습을 많이 보여준다. 쓰레기는 치우지 않고, 화장실 문은 안 닫고, 엘리베이터 버튼은 발로 누르며 이렇게 말한다.

"이거 다 우리 세금으로 만든 거잖아. 편하게 써야지."

정리나 다음 사람 배려는 없는 삶. 공공=공짜=마음대로라는 인식을 아주 자연스럽게 심어준다.

다음 단계는 비치용품을 전리품처럼 챙기는 버릇을 들이게 만든다.

목욕탕에 있는 샴푸, 치약, 수건을 보며 말한다.

"오, 이거 좋다. 하나 챙겨 가야겠다."

식당에신 이쑤시개, 조미료, 냅킨까지 가방에 슬쩍. 이이 앞에서 대범하게 행동하면 된다. "이건 공짜야"라는 말이 효과를 극대화한다.

셋째는 부정하게 얻는 성과를 자랑스럽게 떠벌인다.

아빠는 회사 동료의 아이디어를 가로채고, 승진에 성공한 날 이렇게 말한다.

"성과만 있으면 됐지. 누가 알겠냐?"

"이렇게 못하는 놈들이 바보지."

아이에게는 '정직보다 결과'라는 메시지가 강력하게 새겨진다. 도덕은 사치고, 능력 있는 자는 훔쳐도 당당해야 한다. 그리고 무엇보다 중요한 건, 아이의 잘못을 절대 나무라지 않는다. 친구의 장난감을 몰래 가져와도 이렇게 말하자.

"에이, 애들끼리 나누어 놀 수도 있지."

심지어, "야, 너 눈썰미 좋다~"라며 칭찬까지 해준다.

그 말 한마디로, 아이는 훔치는 행위를 '센스'로 받아들이게 된다. 정당성보다. 순발력이 우선인 세상이 아이의 사고방식이 된다. 그렇게 자란 아이는, 결국 사회에서 유능한 도둑놈이 된다. 처음엔 소소하게 시작한다. 편의점에서 껌 하나쯤은 그냥 가져오고, 회사에서는 동료의 펜, 이어폰, 충전기를 슬쩍한다. 들키면 변명은 이렇게 한다.

"내가 먼저 봤으니까, 내가 쓰는 거지."

다음은 지식과 아이디어를 훔친다. 과제, 기획안, 보고서를 복사해서 제출하고도 이렇게 말한다.

"나만 그러냐?"

걸려도 부끄러워하지 않는다. 오히려 들킨 쪽을 운 나쁜 사람 취급한다. 문제는 이 능력이 갈수록 업그레이드된다는 사실이다. 회사 카드로 개인 물품을 사고, 영수증을 조작하고, 거래처와 리베이트를 주고받는다.

처음엔 한 번쯤, 다음엔 습관, 결국은 횡령과 배임으로 이어진다.

죄의식은 사라지고, 돈을 어떻게 '얻었는가'보다 '얼마나 벌었는가'에만 집중한다.

인터넷에서는 불법 다운로드, 불법 공유, 표절 콘텐츠로 수익을 낸다.

"이건 다 나눠 쓰는 거야."

"정당한 대가? 누가 그런 걸 따져."

이런 생각으로 하루하루를 산다. 도둑질은 죄가 아니라, 재능이 된다. 결국 아이는 사람들 사이에서 신뢰를 잃고, 사회에서 고립된다. 처음엔 작은 잘못이었지만, 어느 날 큰 범죄가 되어 돌아온다. 그리고 그 피해는 아이 개인만 겪지 않는다. 가족 전체의 명예와 안전까지 무너진다.

모든 건 이렇게 시작된 것이다.

"필요하면 가져올 수도 있는 거지, 그게 뭐 이때서."

"남들도 다 그러잖아."

"내가 좀 눈치 빠를 뿐이야."

그 말들이 반복될 때, 아이는 하나씩 배운다.

"훔치는 건 창의력이고, 걸리지 않으면 승리다."

그러니, 다시 강조한다.

정직한 사람보다 똑똑한 도둑을 만들고 싶다면, 이렇게만 하자. 도덕은 입으로만 말하고, 행동은 반대로. 도둑질은 나쁘다고 가르치되, 슬쩍한 건 웃어넘기자. 그러면 당신의 아이는, 아주 유능한 도둑으로 자라게 된다.

돈이 최고라고 믿는
어른으로 키우려면?

"돈이 전부다. 돈 없으면 사람도 아니다."

이 말이 낯설게 들리지 않는다면, 이미 절반은 성공한 셈이다.

부모가 이런 말을 반복적으로 주입하고 있다면, 아이는 곧 '인간의 가치는 곧 자산의 크기'라는 삶의 공식을 뼛속까지 새기고 있다고 봐도 된다.

가장 먼저 해야 할 일은, 돈 없으면 무시당하고 가난하면 밟히며 산다는 식의 현실론을 기회 있을 때마다 반복해 들려주도록 한다.

"돈 없으면 숨도 못 쉰다."

"세상은 돈 있는 사람이 위에 선다."

이 같은 말들을 습관처럼 말해주면, 아이는 초등학생이 되기도 전에 인생에서 가장 중요하다고 믿는 가치를 '인격이나 노력'이 아닌 '잔고의 두께'로 확정짓게 된다.

다음으로 칭찬이나 사랑, 축하 같은 정서적 표현도 모두 현금화된 보상으로 대체하는 방식이 효과적이다.

아이에게 "잘했어" 대신 "5만 원 줄게"라고 말하고, 생일이 되면 편지나 마음이 담긴 선물보다 "사고 싶은 거 골라"라고 말해보자.

사랑한다는 말도 "사줄게"로 번역해 전달하면, 아이는 점점 확신을 갖게 된다.

사랑도 돈이고, 관계도 돈이고, 나 자신도 결국 돈으로 증명해

야만 의미가 있다고.

감정의 교류는 무용하고, '마음의 선물'이란 할인 쿠폰보다도 쓸모없다는 식의 믿음이 내면 깊이 뿌리내리게 된다.

가족 내의 관계에서도 이 원칙은 유효하다.

"엄마한테 잘하면 용돈 더 줄게.", "부모에게 효도하면 성공도 따라온다"는 말은 효도를 진심에서 비롯된 행위가 아닌 경제적 전략으로 만들고, 아이로 하여금 어떤 감정이든 계산기를 두드려 가며 표현하는 연습을 하게 만든다.

자연스럽게 가족은 사랑의 공동체가 아니라, 이익을 맞바꾸는 보상 시스템으로 인식된다.

"지금 이 말 한마디면 5천 원쯤 되겠지.", "기분 맞춰드리면 용돈이 오르겠군"이라는 생각이 윤리보다 먼저 작동하게 된다.

가장 중요한 마무리는, '성공은 부자, 실패는 나눔'이라는 등식을 확실하게 기억에 심어주는 것이다. 봉사활동은 시간 낭비로 치부되고, 배려는 손해 보는 짓으로, 헌신은 자기 인생을 망친 사람들의 선택으로 생각하게 말이다.

이런 가치관 속에서 자란 아이는 도덕이나 정의, 타인에 대한 책임 같은 개념보다 수익성과 실용성에 더 민감하게 반응하게 된다.

그렇게 길러진 아이는 어른이 되었을 때, 삶의 중심축을 오직 '돈' 하나에만 두게 된다. 넉넉한 수입이 있을 때는 아무 문제가 없어 보이지만, 경제적 위기를 맞는 순간 인생 전체가 무너지는 듯한 충격을 받는다.

"이 정도도 못 벌면 난 쓰레기야."

"돈 없으면 사람도 아닌 거잖아."

이 같은 자기 비하가 반복되고, 결국은 다시 시작할 용기조차 내지 못한 채 멈춰선다.

인간관계 또한 돈을 중심으로 돌아가게 된다. 친구, 연인, 직장 동료 모두를 만날 때는 '돈이 되는 사람인가'를 기준으로 판단하고, 감정보다 조건을 따지며, 대화보다는 계산, 유대보다는 이익에 더 집중하게 된다.

관계는 점점 공허해지고, 마음 대신 명세서만 남는 만남이 이어진다.

더 나아가, 돈이 되기만 하면 어떤 수단과 방법도 정당화된다고 여기게 된다.

불법적인 투자 정보, 편법 계약, 윤리적 회색지대까지도 "걸리지만 않으면 된다"는 사고로 포장된다.

"결과만 좋으면 다 용서된다"는 이 믿음은 점차 강화되고, 돈만 벌면 그 과정은 묻히게 된다.

그리고 이들에게 가장 큰 시련은 바로 돈을 잃는 일이다. 사업이 무너지거나 수입이 줄어드는 순간, 자존감까지 함께 무너진다. 돈이 곧 나였기에, 잔고가 줄어들면 존재감마저 사라지는 셈이다.

더불어, 돈이 되지 않는 일에 아예 관심조차 가지지 않는다.

예술, 철학, 육아, 공동체 활동 등은 모두 비생산적이고 비경제적인 것으로 분류되며, "그딴 걸 왜 해?", "시간 낭비야"라는 식으로 일축된다.

그 결과, 아이는 공감할 줄 모르고, 연대하지 않으며, 책임지지 않는 어른으로 성장하게 된다.

이 모든 비극은 사실, 부모의 무심한 한마디에서 시작된다.

"돈 없으면 사람도 아니다."

그 말이 아이의 인생 나침반이 되었을 때, 그 아이는 결국 '돈 없으면 무너지는 사람'이 되고 만다.

그러니 진심으로 물질만능주의자로 키우고 싶다면 알아본 대로만 해도 충분하다.

감정보다 돈, 칭찬보다 보상, 인간보다 재산. 이 세 가지를 삶의 기준으로 삼도록, 끊임없이 아이에게 각인시키면 된다. 사랑은 금액으로, 존중은 숫자로, 인생의 방향은 마음이 아닌 잔고로 결정하게 하라.

그 아이는 언젠가, 정말 돈을 많이 벌지도 모른다.

그러나 그 삶이 돈에만 기대어 있다면, 돈이 사라지는 순간 존재와 관계, 삶 전체가 함께 무너진다.

감정조절 못하는 아이로
키우려면?

감정에 휘둘리고, 갑자기 화내고, 분위기를 망치며, 본인도 왜 그랬는지 몰라서 멍해지는 아이. 그런 아이를 원한다면 부모가 몇 가지만 실천하면 된다. 정말 간단하다.

먼저 감정이란 사치는 아예 배제한다. 아이가 울거나 화를 낼 때는 "왜 또 울어?", "화를 왜 그렇게 내니?" 같은 핀잔으로 막아준다. 감정은 나쁘고, 표현은 부끄럽다는 인식을 심어주면 좋다.

아이가 속상한 마음을 말로 풀려고 할 때는 반드시 말을 끊어야 한다.

"그러니까… 내가 속상한 건…."

"됐고! 너는 왜 이렇게 말이 많아."

이런 방식이면, 아이는 언어로 감정을 설명하는 법을 완전히 잊게 된다. 대신 고함, 울음, 주먹 같은 원시적 표현만 남는다. 감성 지능은커녕, 감정 자체가 통제 불가능한 힘이라는 인식이 자리 잡는다.

짜증 낼 때는 더 큰 소리로 제압한다. "지금 네가 나 짜증 나게 하는 거 모르니?", "한 번만 더 짜증 내 봐!"라고 윽박지르면 아이는 감정을 '표현하는 것'이 아니라 '이기는 것'이라고 받아들인다. 감정은 다스릴 대상이 아닌, 터뜨려야 할 무기라고 학습하게 된다.

감정적으로 힘들어 보일 땐 외면한다. 눈물? 떨림? 상관없다.

"괜찮아질 거야."

한마디 하고 방을 나가면 끝이다. 그리고 결정적으로는 이 말 하나만 잊지 말자.

"이게 그렇게까지 울고불고 할 일이야?"

이 말은 감정 표현을 약자의 증거로 만드는 마법의 주문이다.

그러다 어느 날 아이가 발버둥을 치며 참고 또 참았던 감정을 폭발하면 감정조절 실패라는 목표를 어느 정도 이루었다고 생각해도 좋다. 그때부터는 감정을 쌓아두었다 폭발할 수 있도록 반복해서 자리만 깔아주면 된다.

사실 우리는 아이가 자라는 동안 이런 신호들을 분명히 보았다. 유아기에는 감정을 말로 설명하지 못해 물건을 던지고 뒹굴고 울며 표현했다. 아동기에는 친구와 다투고 나서 스스로 기분을 다스리지 못하고 교실을 뛰쳐나오거나, 물건을 차고 교사에게 대들더라. 좀 더 자라서 청소년기에는 "짜증 나요.", "그냥 싫어요" 같은 말로 복잡한 감정을 뭉뚱그려 말하며 SNS에 쏟아내고, 때로는 미친 사람처럼 괴성을 지르며 소리 내어 울기도 한다. 다 큰 어른이 되어서도, 기분 따라 울고 웃으며 인간관계와 업무에서 극심한 기복을 보이고, 중요한 순간에 분노나 눈물로 신뢰를 잃는 모습을 보았을 텐데 그것을 단순한 사춘기, 기질, 일시적인 예민함으로 치부하며 지나쳤다.

감정조절은 단순히 '화를 안 내게 하는 기술'이 아니다. 이건 곧 자기 자신을 다루는 법이며, 삶을 무너지지 않게 붙잡는 내면의 힘이다.

감정이란 건, 누구에게나 있다. 하지만 그 감정을 어떻게 다루느냐에 따라 인생은 전혀 다른 궤도로 향한다. 불쑥 솟아오른 화를 누르지 못해 관계를 망치고, 감정의 파도에 휩쓸려 중요한 기회를 놓치고, 외로움이나 분노를 말로 풀지 못해 결국 자기 자신을 상처 내는 사람. 이런 모습은 어른이 되어서도 쉽게 사라지지 않는다. 하지만, 아이가 스스로 감정을 알아차리고, 이해하고, 말로 표현하며, 조절할 수 있게 되면 무슨 일이 벌어져도 흔들리지 않는 중심을 갖게 된다.

누가 뭐라 해도 무너지지 않고, 상처를 받더라도 회복할 줄 알며, 불편한 감정마저도 말로 꺼내 타인과 소통할 줄 알게 된다. 그것이야말로 진짜 어른이 된다는 것이며, 성공보다 먼저 배워야 할 인생의 핵심 기술이다.

그럼에도 불구하고, 자신의 감정 하나 다스리지 못해 다른 사람들에게 이상한 사람으로 취급받고, 제대로 된 사회생활도 못하는 아이로 키우고 싶다면? 자녀의 감정관리에 대해 말 그대로 무심하면 된다. 결국 감정 앞에서 맥없이 휘둘리는 어른이 될 때까지.

평생 트라우마에 갇혀 사는
어른으로 키우려면?

    트라우마(trauma)는 단순히 힘들었던 경험이 아니라, 그 기억이 감정적으로 정리되지 않고 현재에까지 영향을 미치는 '심리적 상처'다. 중요한 건 그 사건의 '크기'가 아니라 '당사자의 감당 역량'이다. 누군가에겐 웃고 넘길 일이, 어떤 아이에겐 평생의 고통으로 남는다. 그리고 그 판단 기준은 부모가 아니라 '아이'라는 점이 핵심이다.

    이처럼 트라우마는 각자의 '심리적 안전지대'가 무너졌을 때 발생한다. 부모가 아이의 성격, 기질, 멘탈 수준을 전혀 고려하지 않고 무심하게 던진 말, 무관심했던 태도, 가볍게 여긴 실패 경험들이 고스란히 내면에 각인된다. 그리고 그 상처는 시간이 흐른다고 사라지지 않는다. 되풀이되는 기억, 반복되는 감정, 쉽게 무너지는 자기 이미지로 계속 나타난다.

우리 아이가 사소한 실수도 몇 년이고 되새기며, 누군가에게 들은 한마디 말에도 밤잠을 설치고, 마음의 무게를 어깨에 달고 살아간다면 기분이 어떨까? 이런 아이를 만들고 싶은 부모에게 지금부터 요령을 알려주겠다.

먼저, 아이가 실수하거나 잘못했을 때는 '초능력과 가까운 기억력'을 발휘하자. 기억력이야말로 최고의 상처 제조 도구다. 생일날 케이크를 떨어뜨린 일, 유치원 발표회에서 울었던 장면, 시험 볼 때 답안지를 밀려 썼던 사건, 그 어떤 것도 놓치지 말고 5년, 10년 간직하자. 그리고 결정적인 타이밍에 이렇게 꺼내든다.

"넌 어릴 때도 그랬잖아. 까불다가 케이크 박살냈잖아."

"아빠한테 많이 혼나고 맞았던 거 기억나지?"

이 한마디면 충분하다. 아이는 실수를 죄책감 폴더에 저장하여 스스로를 '문제 있는 사람'으로 각인하게 된다.

두 번째는 아이의 아픔을 무시하는 태도이다. 아이가 상처받았다고 이야기하면 이렇게 반응하자.

"엄마, 나 힘들어. 거기 안 가고 싶은데. 그 사람은 안 만나고 싶은데…."

"뭐가 힘들어? 넌 다 힘들지? 게을러 가지고."

이렇게 말하면 아이는 자기 느낌을 과장된 것으로 인식하게 되고, 상처를 표현하는 것 자체가 민망한 일이 된다. 결국 진짜로 괴

롭고 마음이 아파도 자신을 탓하는 것으로 대신한다.

마지막으로 결정적인 한 방, 아이의 존재를 희화화하거나 조롱의 언어로 누르면 된다.

"야, 너 진짜 못생겼다. 딱 그거지, 엄마 뱃속에서 돌다가 머리 박은 애."

"왜 그렇게 못나게 굴어? 진짜 창피해 죽겠다."

"아이고, 너는 비싼 옷을 입어도 폼이 안 나니? 누가 보면 주워다 입힌 줄 알겠다."

"우리 못난이, 공부는 꼴찌, 곰같이 살은 찌고, 할 줄 아는 거 하나도 없고, 걱정이다."

부모는 "에이, 웃자고 한 소리지"라며 농담처럼 장소와 상황에

상관없이 수시로 건네지만 아이는 진담으로 받는다. 농담을 빙자한 조롱, 훈계를 가장한 수치, 웃음 뒤에 숨은 경멸은 아이의 자아를 갉아먹는 가장 은밀하고도 강력한 무기다.

이 무기는 예쁘고 잘생긴 사람 앞에서 주눅 들게 하고, 자신 있게 발표해야 할 자리에서 입은 옷에만 신경 쓰게 하고, 누가 뭐라고 하지도 않았는데 비만인 자신을 이미 루저의 카테고리에 넣고 만다.

칭찬은 상황적이지만 조롱은 존재에 박힌다. 존재에 대한 상처를 넘어선 트라우마는 아이의 전진하는 발에 족쇄가 된다.

아이의 트라우마를 반복적으로 만들어내는 부모 대부분은 그 모든 행동이 사랑이라고 확신한다. 그리고 그 확신이, 아이에게는 가장 깊은 상처가 된다.

"사랑하니까 하는 소리지."

"잘되라고 한 말이야."

"우리가 아니면 누가 얘한테 이렇게 말해주겠니."

그러나 기억하자.

'아이의 상처는 시간이 지난다고 아물지 않는다. 대신, 아이가 자라서 부모의 얼굴을 닮은 어른이 될 뿐이다.'

유리멘탈을 가진
아이로 키우려면?

    지금 우리 사회에서 '멘탈이 약한 사람'은 살아남기 어렵다. 그 이유는 단순히 경쟁이 치열해서가 아니다. 보다 본질적인 이유는, 오늘날의 사회가 정서적 회복력과 판단의 자기 주도성을 '기본값'으로 요구하고 있기 때문이다. 조금 더 구체적으로 들여다보면 첫째, 우리는 끊임없이 평가당하고 비교되는 시대를 살고 있다. 입시, 취업, 성과평가, SNS까지—삶의 거의 모든 국면에서 우리는 타인의 시선 아래 놓인다. 이때 멘탈이 약한 사람은 주변의 말과 반응에 과도하게 휘둘린다.

    "나는 왜 이것밖에 못하지?"

    "저 사람은 나보다 훨씬 잘하네."

    이런 생각은 곧 자기 의심으로 이어지고, 도전은 줄어들며 위축은 커진다. 결국 사회의 속도와 밀도에 자신을 맞추지 못하게 된다.

둘째, 지금은 '비난'보다 '피드백'이 많은 시대다.

예전엔 한 번 혼나면 끝이었지만, 지금은 피드백이 끊임없이 따라붙는다. 멘탈이 약한 사람은 이 피드백을 '도움'이 아닌 '비난'으로 해석한다.

"이건 다시 해볼까?"라는 말에도 "내가 또 뭘 잘못했나 보다"라는 자기부정이 시작된다. 작은 조언에도 자신감이 바닥을 치는 사람은 학습을 통한 성장도, 관계를 통한 성숙도 놓치고 만다.

셋째, 문제는 누구에게나 생기는데, 그걸 '버티는 힘'이 곧 경쟁력이 되기 때문이다.

계획은 어긋나고, 관계는 갈등을 겪고, 일은 틀어지기 마련이다. 그때마다 감정적으로 무너지고 냉정한 대처가 안 되면, 실력 이전에 '불안정한 사람'으로 낙인찍힌다. 조직은 똑똑한 사람보다, 위기에서 무너지지 않는 사람을 원한다. 결국 어디에서도 환영받지 못하게 된다.

넷째, 감정을 다루는 능력 자체가 '성숙한 시민성'으로 평가받는 시대다.

사회는 점점 다양해지고, 충돌도 많아진다. 그 속에서 감정을 조절하지 못하는 사람은 협업을 해치고, 갈등을 키우며, 공동체를 흔든다. 요즘은 실력 못지않게 감정의 언어로 설명하고 표현할 줄 아는 능력이 중시된다. 이걸 못하면, 아무리 많은 걸 알고 있어도 다른 사람의 들러리로만 남게 된다.

끝으로, 멘탈이 약하면 자기 인생의 운전자가 되지 못한다.

실패가 무서워 선택을 미루고, 평가가 두려워 시도조차 못하며, 남들의 시선을 의식해 새로운 상황은 피하게 된다. 결국 주체적으로 삶을 이끌지 못하고, 남이 그어놓은 안전선 안에서만 움직이게 된다.

그럼에도 불구하고, '그렇게 약한 아이'를 만들고 싶다면? 방법은 있다.

지금부터 알려줄 테니, 꼭 실천해 보자.

먼저, 아이가 스스로 결정하려는 순간을 모조리 차단하자.

"그건 너한텐 어려워."

"네가 뭘 할 수 있다고 그러니."

이 말은 자주 반복하면, 아이는 체험할 기회를 얻지 못한다. 직접 겪어 보지 못한 아이는 실수조차 해보지 못하고, 실수를 해보지 못한 아이는 결국 책임지는 법도 배우지 못한다. 그 순간부터 아이는 세상의 모든 선택지를 '두려움'으로 마주하게 된다.

다음으로, 작은 실수에도 큰 처벌을 하자.

공 하나 놓쳤다고 "봐라, 내가 그럴 줄 알았어.", 시험에서 틀린 문제 하나에도 "대체 집중은 했니?" 이런 말들은 아이에게 실패=사랑 상실이라는 공식을 철저하게 지키게 만든다. 결국 아이는 도전의 문 앞에서 얼어붙고, 손에 쥐고 있던 기회마저 흘려보낸다.

칭찬할 때는 '결과'에만 집중하자.

"1등이니까 잘한 거야."

"상 안 받으면 의미 없어. 과정은 중요하지 않아."

이렇게 하면 아이는 성과 없는 날엔 존재도 무가치하다고 믿게 되고, 결과가 나쁘면 사랑도 떠났다고 비관하게 된다.

마지막으로, 감정의 출구를 틀어막는 노력 또한 필요하다.

울거나 분노할지라도 절대 위로하거나 함께 걱정하지 말자. 오히려 수치심을 덧씌우고, 일상적인 회복 루트를 철저히 차단하자. 친구와의 교제 시간, 운동 시간, 웃을 수 있는 여유까지 '불필요한 사치'로 만들어버리면 된다.

이렇게만 하면, 합리적 사고보다 감정적 반응이 먼저 튀어나오고, 반복되는 자기비난으로 우울감을 키우며, 무기력과 회피, 불안장애와 공황장애에 시달리는 아이로 만들 수 있다.

책임 회피형 인간으로
키우려면?

양육 방향은 명확하다. 아이의 삶에서 '책임'이라는 개념을 조용히 지워버리기만 하면 된다. 그러면 그 아이는 어른이 되어서도 어떤 문제든 남 탓부터 하고, 상황을 정면으로 마주하지 못한 채 억울함과 회피로 인생을 허비하게 된다.

가장 먼저 해야 할 일은, 아이가 실수하거나 잘못을 저질렀을 때 반복적으로 이렇게 말해주는 것이다.

"넌 잘못한 거 없어."

아이가 유리컵을 깨뜨리면 "컵이 약해서 그런 거야.", 시험을 망치면 "선생님이 실력이 없으신가 보다. 잘 가르쳐 주셨으면 시험을 잘 봤을 텐데 말이야.", 친구와 싸우면 "걔가 이상하지, 네가 뭘 잘못했어?"라고 반응한다. 이런 식의 회피적 해석을 일관되게

들은 아이는 결국 '문제는 내 책임이 아니다'라는 신념을 갖게 된다.

문제는 이런 신념이 단순한 태도 문제가 아니라, 뇌 발달과 학습 구조 자체에 영향을 준다는 점이다.

심리학과 신경과학 연구에 따르면, 반복적인 책임 회피는 전전두엽의 기능을 저하시켜 스스로 문제를 판단하고 조절하는 능력을 약화시킨다고 한다. 즉, 충동을 조절하고 선택의 결과를 예측하는 힘이 충분히 자라나지 못하게 된다는 것이다. 동시에 아이는 점점 "내가 결정하는 게 아니라, 모든 건 밖에서 정해지는 거야"라는 사고방식을 강화하게 되는데, 이를 심리학에서는 외적 통제 귀인이라고 부른다.

이렇게 되면 아이는 세상일을 스스로 통제할 수 없다고 믿게 되고, 결국 어떤 실패를 겪어도 "내가 바꿀 수 있는 건 없다"는 체념으로 이어진다. 바로 그 지점에서 학습된 무기력이 자리 잡으며, 아이는 자기 삶을 주도할 힘마저 빼앗기게 된다.

다음 단계는, 잘못을 혼내기 전에 먼저 감싸고 도는 것이다.

"오늘만 봐준다. 또 오늘만 봐준다. 또 오늘만 봐준다"를 반복하자.

"애가 실수할 수도 있지, 그걸 가지고 큰 문제를 만드는 선생님이 이상해요."

"집에선 안 그런데, 다른 아이들이 뭔가를 했을 거예요."

　이런 태도는 아이에게 '내가 뭘 해도 누군가 날 방어해 줄 거야'라는 착각을 심어주고, 그 착각은 자율성과 타인과의 경계감을 허물어뜨린다. 결국 아이는 책임을 질 줄 모르고, 말이 통하지 않는 어른으로 성장하게 된다.

　문제가 생겼을 때 원인을 묻지 않고 바로 해결해 주는 것도 효과적이다.

　게임 계정이 정지되면 "내가 고객센터 전화해 줄게.", 친구와 다퉜다고 하면 "엄마가 걔 엄마한테 연락해 볼게."라고 한다.

　문제를 직접 해결해 주는 이 패턴은 아이에게 '문제는 누군가가 대신 처리해 주는 것'이라는 당연한 논리를 심어준다. 그 결과, 아이는 스스로 책임질 수 있는 방법을 찾으려는 시도조차 하지 않는다.

그리고 마지막 단계로, '피해자 코스프레'를 가르친다.

"넌 그냥 착해서 세상한테 당하는 거야."

"엄마도 어릴 때 맨날 그런 식으로 당했어. 우리 집이 원래 그래."

이런 말을 자주 들은 아이는, 자신을 주체적으로 돌아보기보다는 모든 일을 억울함으로 해석하는 습관을 갖게 된다. 스스로 삶을 개선하려는 노력보다는, 세상에 대한 피해 감정을 키우며 고립되어 간다.

그리고 그렇게 자란 아이는 성인이 되어 다음과 같은 모습을 보인다.

실수를 하면 무조건 남 탓으로 돌린다.

직장에서 문서를 누락하고도 "선배가 미리 말 안 해줘서 그렇다"고 말한다.

비판을 받으면 인격 모독으로 받아들인다.

인격적인 상사의 "다음엔 좀 더 신경 써줘"라는 말에도 "나한테 뭘 더 잘하라는 거야? 그럼 자기가 다 해보지 그래"라는 식의 반응을 보이기 일쑤다.

결과가 안 좋을 때는 이런 말로 빠져나간다.

"부모님이 그렇게 하라고 해서 한 거예요.", "그땐 다른 선택지가 없었어요"라는 말을 반복하며, 인생을 타인의 탓으로 포장한다.

결정적인 순간엔 도망간다. 연애든, 직장이든, 갈등이 심각해져 자신이 책임지지 않으면 안 되는 상황이 생기면 사라지거나 회피한다. 책임진다는 건 해보지 않아 두렵고, 부담되기 때문이다.

이 모든 시작은, 사실 아주 익숙한 한 문장에서 비롯된다.

"넌 잘못한 거 없어."

그 말이 쌓이면서, 책임지는 법보다 변명하는 법부터 배운다.

결국 성장은 멈추고, 변명은 자란다.

"청소년 범죄의 출발선, 바로 당신의 거실"

얼마 전 뉴스를 보다가 화면을 멈춘 적이 있다. 중학생이 또래를 집단폭행하고 촬영까지 한 사건이었다. 영상 속 아이는 웃고 있었고, 피해자는 울고 있었다. 그 장면은 너무도 차가웠고, 동시에 낯익었다. 아이가 괴물이 된 순간, 그 장면은 어디에서 시작된 걸까? 궁금해졌다.

"기분이 뭐가 중요하니? 지금은 성적이 먼저야."

이 말로 시작된 가정이 있다. 감정보다 결과가 먼저인 집이었다. 슬프고 억울하고 답답했던 마음은 늘 뒷전이었다. 아이는 감정을 숨기는 법부터 배웠고, 그렇게 쌓인 분노는 언젠가 참을 수 없는 무언가로 터져나왔다. 그게 폭행이든, 방화든, 마약이든 말이다.

어떤 집은, 아이가 문제 행동을 보일 때마다 "넌 벌받아야 해"라고 말하곤 했다. 대화 대신 통제, 이해 대신 금지. 아이가 왜 그런 행동을 했는지는 아무도 묻지 않았다. 감정 조절도, 갈등 해결도 배울 기회 없이 자란 아이는 결국 자기 감정을 다루지 못한 채, 순간의 충동에 몸을 던지게 된다.

또 다른 가정에서는 문제가 생기면 늘 세상을 탓했다.

"요즘 애들이 다 그렇지."

"게임이 문제야."

언세나 이런 말로 아이를 감쌌다. 그 순간 부모는 놓쳤다. 아이의 책임감, 죄책감, 반성이라는 단어가 자랄 틈을.

특히 요즘 아이들은 '촉법소년'이라는 단어를 안다.

"나는 형사처벌 안 받아."

그 말은 죄의식 없는 범죄가 가능하다는 사실을 너무 쉽게 알려주었다.

그리고 우리가 놓치기 쉬운 장면 하나.

"오늘 뭐 했어?"라는 질문 하나 없는 집.

"요즘 무슨 생각해?"라는 말 한마디 듣지 못하는 하루.

그 침묵의 일상에서 아이는 외로움을 배우고, 정서의 방향을 스마트폰 속 자극적인 정보에 맡긴다. 누군가의 범죄 계획 영상, 도전 과제처럼 주어진 위험한 콘텐츠가 아이의 행동 기준이 되어간다.

그 결과는 잔인하고 치밀하며, 때로는 이유조차 없는 범죄로 나타난다.

무엇보다 가장 무서운 건 이 말이었다.

"우리 애가 원래 좀 과격한 편이에요."

"애가 뭘 알고 그랬겠어요? 맞은 애가 어릴 때부터 문제가 많았다고 하던데….”

아이는 부모의 시선에 맞추어 자아를 만든다. '문제아'라는 시선은 자기 낙인이 되고, 그 낙인에 맞춰 행동한다.

“나는 어차피 이런 애야.”

그 말은, 범죄를 가능하게 만드는 면죄부다.

이제는 인정해야 한다. 청소년 범죄는 단순히 아이들의 일탈이 아니다. 그건 가정에서 천천히 축적된 무관심, 통제, 회피, 왜곡의 결과다.

세상이 바뀌고, 범죄가 진화하는 만큼, 부모의 언어와 태도, 사고방식도 진화해야 한다.

“아이는 가정에서 자란다”는 말, 이건 이제 교훈이 아니라, 현실 그 자체다.

그 아이가 왜 그렇게 무서워졌는지, 그 시작을 마주할 용기가 필요하다.

부모가 꾸민
입시 인생,
대학에서 무너진다

대학은 초·중·고 다음에

이어지는 하나의 과정일 뿐이다.

이제는 대부분의 아이들이 어떤 형태로든 대학을 거친다.

그렇다면 부모가 던져야 할 질문은 단 하나다.

"대학은 우리 아이에게 무엇을 줄 수 있는가?"

나는 늘 말한다.

"대학은 다녀볼 필요는 있다. 하지만 '좋은 대학'이라는 이름표에 끌려

갈 필요는 없다."

중요한 건 간판이 아니다. 아이가 사회에서 자기 역할을 해내고,

꿈을 실현하는 데 도움이 되는 대학을 찾는 것.

그것이 부모의 역할이다.

대학은 '과정'이지 '결과'가 아니다. 인생의 종착지는 더더욱 아니다.

부모가 이 사실을 놓치는 순간,

아이는 대학 문턱에서 기력을 다 소진하고, 정작 사회에서는

아무것도 할 수 없는 '탈진한 청춘'으로 서게 된다.

서울은 도시지
답이 아니다

"제 아이는 꼭 인서울은 가야 해요."

학부모 상담을 하다 보면 가장 자주 듣게 되는 말이다. 이유를 물으면 대답은 비슷하다.

"서울에 있어야 정보도 많고, 기회도 많고, 네트워크도 괜찮잖아요."

겉으로는 아이를 위한 선택처럼 보인다. 하지만 조금만 더 깊이 들여다보면, 그 말엔 다른 속내가 숨어 있다.

"지방대 나오면 취업이 안 된다잖아요."

"사람들이 물어볼 때, 대답하기 창피하잖아요."

"우리 애가 실패한 인생처럼 보이잖아요."

아이의 가능성과 적성은 뒷전이다. 부모의 불안과 체면이 앞선다. 입시의 주체가 아이가 아니라, 부모가 되는 순간이다.

고등학생 진솔이도 그런 가정에서 자랐다. 진솔이 엄마는 일주일에 두세 번 학원에 찾아가 진도를 확인했고, 아빠는 저녁 식사 시간마다 수시 자료와 정시 지원 전략을 들고 왔다. 대화 주제는 늘 하나였다.

"인서울에 갈 수 있겠어?"

시험이 끝날 때마다, 엄마는 점수보다도 '서울에 붙을 수 있을지'만 따졌다. 친구를 만나 영화라도 보겠다고 하면 "그럴 시간 있으면 네 성적에 맞춰 갈 수 있는 서울에 있는 대학 하나라도 더 검색해 봐"라는 말이 돌아왔다. 어느새 진솔이는 인생의 목적어가 아닌, '서울 입성 프로젝트'의 수단이 되어 있었다.

하지만 수능 결과는 기대에 미치지 못했고, 진솔이는 수도권 외곽에 있는 국립대에 합격했다. 발표 당일, 엄마는 굳은 표정으로 휴대폰 화면을 내려놓았고, 아빠는 "다음에 재도전할 거냐"는 말만 남겼다. 그날 저녁, 집에는 축하도 위로도 없었다. 진솔이는 대학에 합격했지만, 축하 대신 새로운 평가 지옥을 만났다.

"서울이 아니니까, 이건 실패야."

그 순간부터, 진솔이의 표정도 바뀌었다. 어깨는 늘 움츠러들었고, 자기소개를 할 때마다 목소리가 작아졌다. 입학 첫 학기, 수업을 빼먹는 날이 많아졌고, 자취방에서 혼자 있는 시간이 늘어났

다. 서울이라는 지리적 조건이 빠진 단 하나의 이유로, 진솔이는 '떨어진 사람'처럼 스스로를 대하기 시작했다.

이것이 바로 부모가 만들어낸 가장 현실적인 비극이다.

'인서울'이라는 말은 사실 하나의 지명일 뿐이지만, 한국 사회에서 그것은 신분이고 평판이며, 존재를 가늠하는 척도가 되어 버렸다. 문제는 그 기준이 너무나 빈약한 논리 위에 있다는 점이다. 서울 대학의 평균 취업률이 조금 높다고는 하지만, 그것은 극소수 상위권 대학이 끌어올린 착시다. 한국교통대, 목포해양대, 강원대 등 지방 국립대의 취업률은 서울 중하위권 대학보다 높다. 그러나 부모는 이런 데이터에는 관심이 없다. '서울이 아니면 안 된다'는 불안과 체면에만 온 정신을 쏟는다. 그리고 이 강박은 아이의 성적뿐 아니라, 아이 존재 자체를 줄 세우기 시작한다.

더 큰 문제는, '인서울'이라는 기준에 모든 걸 쏟다 보니, 그 다음이 없다. 민정이는 수능이 끝난 후 혼란에 빠졌다.

"이제 뭐 하지?"

서울에 있는지 아닌지만 따졌을 뿐, 무슨 전공이 자신에게 맞는지, 어떤 일을 해보고 싶은지에 대한 고민은 한 번도 해본 적이 없었다. 엄마는 아직도 "수시가 잘못됐네, 애초에 재수를 했어야 했어"라는 말을 반복하고, 아빠는 "서울 나왔으면 네가 이렇게 자신 없어 하진 않았을 거야"라며 지난 선택을 탓한다. 정작 민정이는 묻고 싶다.

"그럼, 서울에 갔으면 저는 지금 괜찮은 사람인 건가요?"

많은 부모가 착각한다. 서울에만 있으면 강의의 질이 다르고, 인프라가 더 훌륭하며, 교수 수준이 다르다고 믿는다. 그러나 교육의 질은 주소지가 아니라, 학생의 준비도와 자기주도성에 좌우된다. 오히려 지방 거점 국립대는 학생 개별 지원이 훨씬 촘촘하고, 실무형 커리큘럼과 지역 연계 취업의 기회가 더 많이 열려 있다. 서울은 어디까지나 도시일 뿐이다. 그 자체로 답이 될 수는 없다. '어디서 배우는가' 보다 '무엇을 배우고, 어떻게 살아가느냐'가 더 본질적인 문제다.

대학은 아이가 인생을 설계하기 시작하는 첫 번째 연습장이다. '서울'이라는 배경이 아닌, 자기 호흡과 방향을 찾는 능력이 핵심이다. 부모가 해줘야 할 일은, '서울'이라는 금박지에 집착하는 게

아니라, 아이가 어느 환경에서도 흔들리지 않도록 자기 삶을 설계
할 수 있는 힘을 키워 주는 일이다.

입시의 끝은 주소지가 아니라, 방향이다.

'서울'은 선택지일 수는 있어도, 답은 아니다.

성적이 만든 진학,
성격이 거부한 전공

　고3이던 현임이는 수시 지원을 준비하면서 단 두 가지 기준만 따랐다. 하나는 자신의 내신과 수능 점수였고, 다른 하나는 어디든 붙기만 하면 무조건 간다는 원칙이었다. 엄마는 "그 점수로 갈 수 있는 데가 거긴데, 뭘 더 고민해? 나중에 편입하든, 대학 가서 생각하자"고 말했고, 아빠는 "어차피 네 적성 같은 건 졸업하고 나서도 못 찾아"라며 더 이상 생각하지 말라는 듯 선을 그었다. 그렇게 현임이는 성적에 맞는 대학과 학과에 원서를 넣었고, 무덤덤한 마음으로 진학을 결정했다. 부모는 그것이 현실적이고 전략적인 선택이라고 여겼지만, 실은 가장 중요한 질문을 회피한 것이었다.

자녀가 무엇에 흥미를 느끼는지, 어떤 성격을 가졌는지, 대학이라는 공간에서 어떤 성장의 경험을 하고 싶은지를 한 번도 묻지 않은 채, '일단 들어가고 보자'는 태도만 남았다. 그 결과 현임이는 대학 문턱은 넘었지만, 자신과 맞지 않는 전공에 발을 들이고 말았다.

하지만 대학에 발을 들이는 순간부터, '어디에 붙었느냐'보다 '왜 거기에 왔느냐'가 더 중요한 질문이 된다. 성적에만 맞춰 대학을 선택한 아이들은 그 질문 앞에서 막막함을 느끼고, 그 막막함은 수업 불참과 낮은 학점, 자신감 저하, 정서적 고립 같은 현실적인 불편으로 하나씩 드러나게 된다. 흥미 없는 전공 수업은 기본 개념조차 머릿속에 들어오지 않고, 과제나 발표는 괴로운 일로 전락한다. 자연스럽게 수업 참여가 줄어들고, 학점이 떨어지면 '나는 이걸 왜 하고 있지?'라는 회의감이 따라붙는다. 전공과 관련된 활동에도 손이 가지 않는다. 동아리든 공모전이든 모두 억지로 끼어 있다 보니 점점 힘만 들고, 친구들과의 네트워크도 자연스럽게 약해진다. 특히 진로를 함께 준비하는 전공 커뮤니티에 들어가지 못해, 혼자서 모든 정보를 감당해야 하는 위치로 밀려난다. 또 학과에서 제공하는 진로 프로그램이나 취업 연계 수업 역시 나와 상관없는 일처럼 느껴지고, 결국 방향 없이 시간만 흘러가게 된다.

이런 상태가 반복되면, 무기력과 자기불신은 점점 깊어진다. 처음엔 '일단 대학에 들어갔으니 괜찮다'고 스스로를 위로하지만,

시간이 갈수록 자신의 선택에 대한 불확실성과 불만이 쌓이면서 하루하루가 의미 없이 느껴지기 시작한다. 그러다 어느 순간, "내가 이걸 왜 하고 있지?"라는 물음 앞에서 정지한다. 이때 돌아오는 주변의 말은 더욱 잔인하다.

"다 그래, 그냥 다녀."

하지만 그 '그냥 다니는 시간' 속에서 아이는 점점 무너진다. 자격증이나 어학을 준비해 보지만, 전공과 연계되지 않다 보니 이력으로 연결되지 않고 등록금과 생활비, 학원비까지 모두 쏟아붓고도 좋은 결과는 나오지 않는다. 그제야 아이는 "편입할까…", "휴학해야 하나…"라는 고민을 시작하지만, 이미 진입해 버린 레일에서 벗어나기란 생각보다 어렵다. 뒤늦게 발버둥쳐도 성과는 없고, 남는 건 낮은 자존감과 불투명한 미래다.

이제는 '전공 만족도'가 단순히 대학생활의 분위기를 좌우하는 요소가 아니라, 진로 탐색과 취업 성과까지 결정짓는 중요한 변수라는 사실이 다양한 연구를 통해 명확히 드러나고 있다.

실제로 서울의 S대학교 재학생 4,129명을 대상으로 조사한 결과, 대학생활에 만족하는 학생일수록 공통적으로 '입학 만족도'와 '전공 만족도'가 높았다. 이 말은 곧 '내가 왜 이 학교에 왔는지, 이 전공이 나와 맞는지'에 대한 확신이 있어야 대학생활 전반이 안정되고 만족스럽다는 뜻이다. 여기서 주목할 점은 단지 '학교의 이름값'이 아니라, 학생 개개인이 그 학교와 전공에서 '심리적 정착'

을 얼마나 잘했는가가 만족도의 핵심이라는 점이다.

또 다른 조사에 따르면, 광주·전남 지역 대학생 234명을 대상으로 분석했을 때 전공 만족도가 높을수록 취업을 위한 자기이해와 정보 수집 활동이 활발해졌고, 실제로 그것이 현실적인 취업성과로도 이어졌다고 보고되었다. 이는 단순히 전공이 좋고 나쁘다는 감정 문제가 아니라, 전공에 대한 몰입 여부가 학생의 진로역량 전체를 바꿔놓는 핵심 요인이라는 걸 뜻한다.

그렇다면 대다수 학생들이 전공에 만족하고 있을까? 안타깝게도 현실은 정반대다. 이공계열 대학생의 76.8%는 자신이 전공에 적응하지 못하고 있으며, 만족도 역시 낮다고 응답했다. 이는 비단 개인의 문제라기보다, 부모가 점수를 기준으로 전공을 정하고, 아이가 흥미나 성격과 무관하게 끌려가는 입시 구조의 문제로 해석할 수 있다.

이 모든 조사 결과는 부모가 '성적'이라는 한 장의 숫자에만 몰두할 때, 아이는 정작 인생을 설계할 가장 중요한 '출발점'을 놓치게 된다는 경고이기도 하다. 대학은 단지 들어가는 것으로 끝나는 문이 아니라, 이후의 경로와 방향성을 설계해야 하는 출발선이다. 그 출발에서부터 '이 학교, 이 전공이 내게 맞는가'를 묻지 않은 채, '일단 붙고 보자.', '점수에 맞춰 가자'는 식의 전략을 반복한다면, 그 결과는 정서적 고립, 무기력, 방향 상실로 이어질 수밖에 없다.

즉, 전공 만족도는 단순한 기분 문제가 아니라, 아이가 자신을 이해하고 진로를 탐색하며, 삶을 주도할 수 있는 역량을 갖추는 데 필수적인 조건이다.

성직은 입학을 결정할 수 있을지 몰라도, 삶의 방향을 결정해 주진 못한다.

그러니 부모는 점수보다 아이의 성향과 가능성, 전공과의 접점, 그리고 아이의 내적 동기에 더 귀 기울여야 한다.

입학이 중요한 게 아니라, 들어간 이후에 얼마나 '버틸 수 있는가'가 더 중요한 시대이기 때문이다.

자랑할 대학이 아니라,
자라날 대학을 찾아야 하는데

"좋은 대학만 가면, 그다음은 알아서 잘 풀려."

많은 부모가 이렇게 믿는다.

그리고 여기서 말하는 '좋은 대학'은 늘 서울대, 연세대, 고려대로 압축된다. 사회적 인정, 안정적인 취업, 자랑거리가 될 수 있다는 기대가 뒤섞인 채 '좋은 대학=성공한 인생'이라는 공식이 굳어진다.

하지만 진짜 중요한 질문은 그다음이다.

그 '좋은 대학'은, 과연 아이에게도 좋은가?

부모는 자녀의 미래가 불안할수록 더 확실한 보험을 찾고 싶어 한다. 그래서 명문대 진학을 안전장치로 삼고, 아이를 그 안에 넣으려 한다. 그러나 대학은 단순히 브랜드가 아니다. 아이의 기질, 흥미, 역량, 관심 분야, 그리고 그 안에서 어떤 기회를 발굴할 수 있는지에 따라, 누군가에겐 최고의 선택지가 다른 누군가에겐 감옥이 될 수도 있다.

실제로 대학 교육의 질은 '간판'으로 보장되지 않는다. 대부분의 교수는 공개 채용을 통해 임용되고, 전국 어디에서든 일정 수준의 전문성과 성실함을 갖춘 이들이 자리를 지킨다. 오히려 학생 수가 적고 교수와의 거리가 가까운 환경에서는 더 많은 질문과 밀착된 학습이 가능하다. 다시 말해, 대학이 학생을 결정하는 게 아니라, 학생이 대학 안에서 무엇을 만들어갈 수 있느냐가 더 중요하다.

그럼에도 부모들은 여전히 "어디에 갔느냐"만을 묻는다.

"무조건 거기로 가야 해. 그 대학 아니면 안 돼."

하지만 그 과정에서 아이에게 정말 중요한 질문은 빠져 버린다.

"넌 무엇을 배우고 싶니?"

"어떤 삶을 그려 가고 싶니?"

보영이도 그랬다. 엄마는 수시든 정시든 "SKY만 봐"라고 했고, 아빠는 "이왕 공부한 거, 이름값 있는 데 가야지"라고 말하곤 했다. 부모의 강한 요구와 기대 속에서, 보영이는 운 좋게 그 기준에 맞는 대학에 입학했다. 하지만 그게 시작이었다.

수업은 어렵고, 개념은 익숙하지 않았다. 교수의 말은 고등학교 방식과 달랐고, 동기들은 이미 관련 분야에서 경험을 쌓아온 듯 자신감에 차 있었다. 조금의 관심도 가져본 적이 없는 내용을 매일 서너 시간씩 들어야 하는 보영이와는 다르게 말이다.

명문대라는 간판은 있었지만, 그 안에서 보영이는 자신의 세상을 만들지 못했다. 학교에 적응하지 못해서가 아니다. 이 공간에 정착할 이유를 충분히 찾지 못한 채, 하루하루 버티듯 시간을 보내고 있었기 때문이다. 그 무력감은 시험 점수로 측정되지 않는다. 자신이 누구인지 잊고, 무엇을 하고 싶은지조차 잃어버리는 데서 오는 혼란이다. 그렇게 아이는 '들어왔지만, 살아 있지 않은 학생'이 된다.

반면, 같은 시기 친구 지민이는 성적은 조금 낮았지만, 자신에게 맞는 길을 찾기 위해 시간을 들였다. 커리큘럼과 교수진의 연구 분야를 비교해 가며 고민한 끝에, 지방의 한 국립대를 선택했다. 입학 후 지민이는 교수의 조언을 바탕으로 여러 공모전에 참가해 수상과 더불어 관련 업계 사람들에게 이름을 알릴 기회를 가질 수 있었으며, 다수의 실습 경험을 쌓아 실전에서 필요한 기술을 익힌 덕분에 졸업 전 이미 취업 제안을 받았다.

누군가는 "서울대냐, ○○대냐"를 따지지만, 진짜 차이는 이거다.

한 사람은 '남들이 알아주는 대학'을 갔고, 한 사람은 '자신이 성장할 수 있는 대학'을 택했다.

졸업 무렵, 그 선택의 무게는 분명히 드러났다.

보영이는 여전히 삶의 중심을 잡지 못한 채 방황하고 있었고, 지민이는 자신이 만든 길 위에 확신을 가지고 서 있었다.

결국 진짜 좋은 대학은, 간판이 아니다.

전공을 깊이 연구하게 만들고, 시도해 보고 싶은 마음이 들게 하며, 실패하더라도 다시 시작할 수 있는 기반이 되어주는 곳. 그것이 아이에게 좋은 대학이다.

그리고 한 가지 더, 정말 중요한 진실이 있다. 좋은 대학은 앞으로 사회 속에서 자신에게 주어질 역할과 책임, 즉 '본인에게 맡겨질 임무'를 수행할 수 있도록 준비시켜주는 곳이어야 한다. 단지 '어디를 나왔다'는 명함이 아니라, '무엇을 할 수 있는 사람인가'

를 길러주는 환경이어야 한다. 그때 비로소 대학은 브랜드가 아니라 성장의 무대가 된다. 그래서 부모는 '명문대'라는 껍데기를 따지기 전에, 그 안에서 아이가 숨을 쉴 수 있는지, 기회를 발견할 수 있는지를 먼저 살펴야 한다.

"대학만 가면 돼"의
잔인한 후속편

"대학만 가면, 네 마음대로 살 수 있어."

많은 부모가 반복해서 내뱉는 이 말은 한때는 위로였고, 때로는 채찍이었다. 하지만 그것이 너무 익숙해지는 순간, 진실처럼 들리는 일종의 가스라이팅이 된다. 이 말은 대학이라는 지점을 인생의 도착지로 고정시키고, 그 이후의 삶은 "편안하고 행복할 거야"라는 허상 속에 던져 버린다. 그러나 대학은 끝이 아니다. 오히려 출발선에 가까운 지점이다. 이 사실을 외면한 채 "대학만 가면 된다"고 말하는 부모는 아이의 시야를 좁히고, 생각을 멈추게 하며, 인생의 방향을 계획이 아닌 관성으로 밀어붙이게 만든다.

고3 시절, 가희는 매일 같은 말을 들었다.

"지금만 잘 버텨. 대학 가면 다 끝나."

아빠는 "인생은 대학으로 갈린다"고 했고, 엄마는 "시험만 잘 보면 나중에 다 편해진다"고 말했다. 그 말들이 쌓이면서, 가희에게 대학은 모든 문제의 해결책이자 행복의 관문처럼 여기게 되었다.

결국 수능을 치르고 원하는 대학에 합격했을 때, 가희는 세상이 바뀔 줄 알았다. 하지만 대학생활은 그렇게 녹녹하지 않았다. 강의는 많고 어렵고 과제는 버거웠으며, 입학하자마자 들려오는 말은 현실적이고 냉정했다.

"학점은 무조건 4.0 이상 받아야 해. 요즘 취업하려면 거의 만점을 받아야 한다니까."

"직무는 정했어? 그쪽 동아리 미리 들어가야 해."

"인턴이라도 하려면 자격증 따고 실습도 해놔야 해."

가희는 당황스러웠다. 자신이 준비된 채 입학한 줄 알았는데, 또다시 시작점에 서 있다는 느낌에 멍해졌다. 대학교는 분명 자유가 어느 정도는 허용된다고 들었는데, 실상은 고등학교보다 더 불확실하고, 더 복잡한 전쟁터 같았다. 무엇을 배우는지보다 어떤 점수를 받아야 하는지가 중요했고, 왜 이 전공을 선택했는지보다 취업에 유리한 활동이 무엇인지가 더 자주 언급되었다. 그동안 그려온 캠퍼스의 환상은 사라지고, 경쟁과 압박의 공기가 피를 마르게 했다.

친구들을 보면 이미 각자의 '직무'를 결정한 상태였다. 마케팅 동아리, 회계사 자격증, 공모전 준비, 인턴 이력 쌓기. 가희는 그들이 말하는 단어조차 생소했다. 자신이 무엇을 좋아하는지도, 어떤 일을 하고 싶은지도 모르겠는 상황에서, 동아리를 고르는 일조차 고통으로 다가왔다.

'다들 나보다 앞서가고 있다'는 생각은 점점 현실이 되었고, 비교의 틈바구니에서 가희는 점차 정신을 차릴 수 없었다.

사람들과의 관계도 마찬가지였다. 대학 입학이 목표라 귀동냥으로 들은 정보에 의존하여 결정한 전공에 집중하지 못하다 보니 수업에 대해 나눌 이야기도 없었고, 팀플에서도 적극적인 참여보다는 "어떻게 하면 묻어갈 수 있을까?" 눈치 보기 일쑤였다. 학과 행사나 동아리 활동에서도 점점 잊혀졌고, 가희는 대학 안에서도 다른 차원의 세상을 사는 존재가 되어갔다. 그는 자주 혼잣말처럼 중얼거린다.

"나는 대학하고는 맞지 않는 사람이야."

이 말은 자세히 들여다보면 활발한 소통의 부족함에서 오는 하소연이 아니라, 자기가 누구인지조차 불분명해진 상태에서 나오는 본능적인 신호였다.

한편, SNS 속 친구들은 바쁘고 치열한 일상을 살아가고 있었다. 공모전 수상, 인턴 합격, 자격증 취득 같은 소식이 타임라인을 가득 채웠고, 그들의 열정은 화면 너머에서도 또렷하게 전해졌다. 같은 시간, 가희는 기숙사 침대에 누워 창밖을 멍하니 바라보는 날이 많아졌다. 점점 몸과 마음이 굳어가고, 무기력은 일상이 되었으며, 똑바로 일어설 기운조차 없는 날들이 이어졌다. 그러다 문득, 마음속에 자꾸만 되묻게 되는 한 문장이 떠올랐다.

"나는 이 좋은 대학에서, 왜 이토록 그림자처럼 살아가고 있을까."

그 자책은 날이 갈수록 더 깊어졌다.

가희의 사례는 단지 한 개인의 문제가 아니다. 그 이면에는 '대학'이라는 공간을 인생의 도착지로 여겨왔던 오랜 사고방식이 깔려 있다. 부모는 여전히 입시를 통해 인생의 판도가 결정된다고 믿고, 아이에게는 진학 자체를 목표로 제시한다. 그러나 현실은 이미 달라졌다.

대학은 성취의 끝이 아니라, 새로운 출발선이다. 아이는 성적이라는 기준으로 입시 관문을 통과했을 수는 있지만, 자기 삶을 주도적으로 설계할 역량은 여전히 성장 중이다. 무엇을 배우고 싶은지, 어떤 일에 몰입할 수 있는지, 어떤 환경에서 잠재력을 발휘할 수 있는지에 대한 탐색이 이뤄지지 않은 채 대학에 진입한 아이는, 고등학교보다 더 복잡하고 비정형적인 구조 안에서 방향을 잃기 쉽다.

문제는 바로 그 '공백'이다. 부모는 대학에 입학하는 순간 모든 것이 해결될 것처럼 말하지만, 정작 아이는 그 안에서 무엇을 해야 할지 모른다. 진로 탐색은 물론, 자기이해와 사회적 관계 형성, 목표 설정 등 대학이라는 시스템이 기대하는 자기주도적 태도는 준비되어 있지 않다. 결국 이런 구조적 단절은 아이에게 더 큰 무력감과 소외감을 안긴다.

졸업장이 인생의 열쇠가 되던 시대는 이미 지나갔다. 지금은 기업과 사회 모두 '경력자 같은 신입', '중고 신입', '경험이 많은 신입', 나아가 '바로 투입 가능한 신입'을 요구하는 시대다. 단지 어디를 졸업했는지가 아니라, 무엇을 경험했고 어떤 결과를 낼 수 있는지에 초점이 맞춰지고 있다. 대학이라는 공간은 더 이상 이름만으로 무엇인가를 보장해 주는 보증서가 아니라, 오히려 그 안에서 어떤 기회를 찾고, 어떤 역량을 설계하고 실행해 냈는지를 평가받는 무대가 되고 있다.

이제 부모의 역할은 분명해진다. 아이를 대학이라는 결과에 억지로 맞추는 것이 아니라, 그 결과 이후의 시간을 함께 설계하고 준비해 주는 파트너가 되어야 한다. 자녀가 어떤 환경에서 자신의 역량을 더 잘 펼칠 수 있을지, 그리고 어떤 경험이 앞으로의 삶에 든든한 지지대가 되어줄지를 함께 고민해 주는 태도가 필요하다.

대학은 인생의 완성품을 만들어주는 곳이 아니다. 오히려 성숙한 삶을 준비하는 훈련장이며, 아이는 그 안에서 자기 속도대로 배우고 실패하고 다시 도전하는 과정을 통해 진짜 힘을 기르게 된다. 부모는 그 여정을 옆에서 지켜보며 조율해 주고, 때로는 멈춰 설 수 있는 용기도 허락해 주는 존재로 곁을 지켜야 한다. 그것이 오늘날 부모에게 요구되는 가장 현실적이고 합리적인 양육의 방향이다.

돈은 기준이 될 수는 있다.
하지만 방향이 되어서는 안 된다

아이와 진로 컨설팅을 진행하다 보면, 흥미검사나 상담을 거쳐 몇 개의 구체적인 직업, 정확히 말해 '직무'를 정한 뒤 부모와 공유하게 되는 단계가 있다. 이때 대부분의 부모는 이렇게 묻는다.

"박사님, 그 전공, 돈 잘 벌까요?"

적성과 흥미는 잠시 미뤄두고, 그 일이 얼마나 벌 수 있는지, 취업은 잘 되는지, 연봉 수준은 어느 정도인지가 주된 관심사라는 증거이다.

이런 궁금증은 현실적일 수는 있으나, 그 현실은 아이의 가능성과 방향을 막는 또 하나의 벽이 되기도 한다. 결국 아이가 자신이 무엇을 좋아하는지보다는, '돈 되는 일'에 자신을 끼워 맞춰야 하는 현실과 마주하게 된다고 생각하면 입이 쓰다.

재영이는 고등학교 시절, 작문 수업을 유독 좋아했다. 스토리텔링, 영화 분석, 시나리오 구조 잡기를 배우는 시간엔 눈이 빛났고, 직접 쓴 단막극을 친구들과 낭독하며 감정이 벅차올랐던 경험도 있다. 재영이의 꿈은 분명했다.

"나는 시나리오 작가가 되고 싶어."

"나는 애니메이션 시나리오 작가가 될 거야."

하지만 부모는 꿈이 아닌, 어설프게 주워들은 정보로 재영이의 생각을 잘랐다.

"요즘 글 쓰는 것도 AI가 다 해. 네가 굳이 작가가 되어도 할 일이 없어."

"AI가 대세야. 컴퓨터할 줄 안다면서, 데이터 공부해. 그래야 돈이 돼."

"작가는 다 백수가 되는 시대야. 굶어 죽으려고 그래?"

부모는 "먹고살 수 있어야 하니까"라는 이유로 '돈 되는 전공'을 강조한다. 틀린 말은 아니다. 문제는 그 말 속에 '지속 가능한 성장'이라는 개념이 빠져 있다는 점이다. 지금은 유망한 분야라도 5년, 10년 뒤에도 그럴지는 그 누구도 모른다. 기술과 산업이 빠르게 재편되는 시대, 현재의 수익성만으로 진로를 결정하는 일은 결국 방향을 잃기 쉽다.

게다가 관심조차 없는 분야에서 아이가 몰입하고 성과를 낼 가능성은 낮다. 재영이처럼 억지로 끼워 맞춘 전공에서는 실력이 쉽게 자라지 않는다. 전문성은 결국 '집중력'과 '지속성'이라는 두 축 위에서 형성되며, 이 두 가지는 흥미와 연결될 때 진정한 힘을 발휘한다. 진짜 경쟁력은 '하고 싶은 일'에서 솟아나는 에너지와 열정에서 나온다.

하지만 부모는 여전히 '돈이 되는 일'만을 기준 삼아 자녀의 진로를 판단한다면, 과연 그 기준은 얼마나 정확할까?

최근 미국 노동통계국(BLS)과 포브스(Forbes), CNBC 등에서 발표한 '연봉 상위 10개 직업' 리스트를 살펴보면 항공기 조종사, 마취과 전문의, 소프트웨어 개발자, 데이터 과학자, 변호사, 기업 CEO, 헬스케어 매니저, 금융 리스크 분석가, 세무사, IT 보안 전문가 등이 포함되어 있다. 이들의 공통점은 고수익과 함께 장기적인 커리어 성장 가능성이 있다는 점이다.

그런데 이 중 상당수는, 한국 부모의 정서상 선뜻 추천하기 어려운 직무이기도 하다. 예를 들어, 항공기 조종사나 전문의가 되려면 오랜 훈련과 막대한 학비, 체력 소모가 필요하다. 헬스케어 매니저는 국내에서는 아직 정규 커리큘럼이 미비하고, 데이터 과학이나 IT 보안은 수학·코딩 역량이 뒷받침되어야 한다.

결국 '돈 되는 직업'을 기준으로 아이의 진학을 설계하려다 보면, 이 아이가 진짜로 잘할 수 있는 일, 흥미를 갖고 오래 매달릴 수 있는 분야는 싹을 틔우기도 전에 잘려 나간다. 게다가 부모들이 선호하는 직업군은 대부분 정보의 절반만 알고 선택한 경우가 많다. 직업의 소득만 알고, 그 일을 하는 사람들의 생활방식, 스트레스, 근속률, 이직률은 알지 못한다. 이처럼 단편적인 정보로 아이의 전공과 직업을 그리려 한다면, 미래 설계가 아니라 오답 노트가 된다.

"부모의 착각이 아이의 대학을
지옥으로 바꾸더라"

공부 잘하던 아들이 있었다. 기억이 있는 순간부터 목표는 하나였다. 서울대.

그 목표를 이루는 순간, 이제 행복해질 줄 알았다.

하지만 현실은 달랐다.

입학과 동시에 마주한 건, 자신보다 똑똑하고 창의적인 사람들이 가득한 낯선 세계였다.

단 한 번도 공부로 밀려본 적 없던 아이는 처음 경험하는 '뒤처짐' 앞에 속수무책으로 무너졌다. 문제는 수업이었다. 고등학교 때는 교과서가 길을 안내해 줬다.

하지만 대학은 다섯 개 길이 동시에 열리고, 어디로 가야 할지도, 도착지가 어딘지 아무도 말해주지 않았다.

석 달 안에 두꺼운 전공 서적을 통째로 이해해야 했고, 참고문헌은 수십 개, 과제는 끝이 없었다.

밤을 새워 만들어 제출한 리포트엔 교수의 한마디가 돌아왔다.

"이게 다예요?"

그 순간, 아이는 깨달았다.

서울대가 도착지가 아니라, 지옥행 급행열차였다는 걸.

그날 이후, 아이는 방으로 숨었다.

"밖은 위험해."

또 다른 아이, 딸도 있었다.

부모는 반복했다.

"ㅇㅇ여대만 들어가면, 네 인생 마음대로 해도 돼."

딸은 체력도 약했고 수학도 두려워했지만, 이과로 진로를 바꾼 건 선택이 아닌 명령이었다.

'대학'만이 그 지옥 같은 시간을 벗어날 수 있는 유일한 출구였기에 버티고, 참고, 눌러가며 턱걸이로 원하는 학교에 합격했다.

하지만 합격한 그날, 딸의 끈은 툭 끊어졌다.

매일 술을 마시고, 수시로 남자 친구를 바꾸고, 거의 안 입은 것 같은 옷을 입고, 학교는 결석이 루틴이 되고, 새벽이 돼서야 집에 들어오는, 고등학교 시절에는 상상도 할 수 없는 방탕한 삶.

부모의 걱정에 돌아온 대답은 간단했다.

"대학 가면 내 마음대로 하라면서요?"

그렇다.

그들은 '대학'이라는 통과의례를 무사히 통과했지만, 그 안에서 '사람'은 점점 부서지고 있었다.

많은 부모들이 빠르면 중학생 때부터 아이에게 말한다.

"이렇게 하면 대학 갈 수 있어."

"ㅇㅇ이는 벌써 어딜 붙었다너라."

"이번 기말 망치면 대학은 끝이야."

어느새 부모와 자녀 사이의 대화는 대학 입시 외에는 없어진다. 그리고 아이는 믿는다.

'대학만 가면 다 괜찮아질 거야.'

하지만 대학은 인생의 끝이 아니다.

오히려 진짜 중요한 또 다른 세상이 열리는 출발점이다.

대학을 졸업하면 곧바로 '직업'이라는 무대에 올라야 한다. 그리고 그 직업은, 대학보다도 훨씬 더 오랫동안 인생을 지배한다.

그럼에도 우리는 여전히 아이에게 대학 하나 통과하기 위해 열정과 건강, 감정과 영혼까지 모두 내놓으라고 요구한다.

문제는, 그렇게 간신히 대학에 들어선 아이는 이미 번아웃 상태라는 점이다. 에너지도, 방향도, 호기심도 사라진 채, 진짜 인생의 경주 앞에서 주저앉아 버린다.

이게 부모가 원했던 그림이었을까?

정말 이게 끝이 아니라, 시작이라는 사실을… 부모는 알지 못했던 걸까?

에필로그

부모의 내려놓음이
아이를 살릴 수만 있다면…

당신은 어떤 부모였습니까?

그리고 지금 아이는 어떤 눈빛으로 당신을 바라보고 있습니까?

우리는 때때로 부모의 책임과 역할이라는 이름으로 월권을 일삼으며 아이의 고유한 특성을 무시한다. 잘하고 있다고 스스로 자부하며 해왔던 생각과 말 그리고 훈육 기준은 아이가 더 이상 망가질 수 없이 바닥을 쳤을 때 돌이킬 수 없는 후회로 만난다.

이미 늦어 버렸다고 절망하고 포기할 수 있다. 하지만 절벽 끝에서 애절한 모습으로 부모에게 손을 건네고 있는 아이를 읽었다면 나의 고집과 주장 따위는 얼마든지 버릴 수 있다.

'그리고 바로 그 작은 돌이킴이 아이의 인생을 환하게 비출 수 있음을 꼭 경험해 보기를 바란다.'

부모에게 완벽한 존재가 되기를 강요하는 것이 아니다. 오히려 아이의 길을 대신 걸어주기보다는 그 길에서 넘어지더라도 다시 일어설 수 있도록 곁에서 지켜봐 주는 사람이 좋은 부모라고 말해 주고 싶을 뿐이다. 아이의 눈물을 이해하고, 실패를 기다려주며, 별것 아닌 성장에도 진심으로 기뻐하는 사람, 그것이 진짜 부모의 모습일지도 모른다는 생각을 함께 해보기 바란다.

당신의 한마디가 아이의 내일을 바꿀 수 있습니다.

당신의 선택이 아이의 삶을 행복으로 채울 수 있습니다.

당신의 온기가 아이의 상처와 고통을 낫게 할 수 있습니다.

지금, 멈추고 돌아보는 그 순간부터 당신의 아이는 다시 살아납니다.

참고 자료

Chapter 1 자녀의 삶을 망치는 좋은 부모 코스프레

1. https://onlinelibrary.wiley.com/doi/10.1111/fare.13063

2. https://researchportal.northumbria.ac.uk/files/21177060/
   Linden_Sillence_Parent_Child_Estrangement_and_Psychological_Wellbe-
   ing_AAM.pdf

3. https://pmc.ncbi.nlm.nih.gov/articles/PMC5572365/?utm_source=
   chatgpt.com

4. https://www.ncbi.nlm.nih.gov/pmc/articles/PMC10452338/

5. https://www.sciencedirect.com/science/article/pii/S0022399925003125

Chapter 2 그놈의 공부, 공부, 성적, 성적

1. https://sports.news.nate.com/view/20251009n05806

2. https://www.munhwa.com/article/11534126

3. https://news.nate.com/view/20250827n07876

4. "Why is Intelligence not Making You Happier?"–Li, J., & Zhou, X. :

5. "Education Does Not Make You a Happier Person"–Cheng, T.,
   University of Warwick :

6. "Emotional Quotient vs Intelligence Quotient to Achieve Professional
   Excellence: A Systematic Literature Review"–Sharma, R., & Mehta, S.
   EQ IQ :

7. https://www.tandfonline.com/doi/full/10.1080/14664208.2024.2368371

8. https://research.library.fordham.edu/cgi/viewcontent.cgi?article=
   1048&context=jmer

Chapter 3 오해로 키우는 중입니다

1. https://pmc.ncbi.nlm.nih.gov/articles/PMC8543006/

2. https://pmc.ncbi.nlm.nih.gov/articles/PMC10604111/

3. https://www.frontiersin.org/journals/education/articles/10.3389/feduc.2023.1033488/full

4. https://www.pen.go.kr/upload/dep09/na/bbs_2556/ntt_1140424/doc_b69bv11ba=f5v4f=4evb2=81v9b=7083vc8d3v16bd_v58.pdf

5. https://pmc.ncbi.nlm.nih.gov/articles/PMC8785919/

6. https://pmc.ncbi.nlm.nih.gov/articles/PMC7101003/

7. https://www.researchgate.net/publication/264244413_Cognitive_Dissonance_Social_Comparison_and_Disseminating_Untruthful_or_Negative_Truthful_Ewom_Message

8. https://pmc.ncbi.nlm.nih.gov/articles/PMC10801006/

9. https://www.verywellmind.com/bronfenbrenner-ecological-model-7643403

10. https://bmcpsychology.biomedcentral.com/articles/10.1186/s40359-025-02416-6

11. https://v.daum.net/v/20220504112102665

12. https://www.chosun.com/national/national_general/2022/05/04/Z5VG2J57J5GCLJT4XNXFUEYU7I

13. https://www.busan.com/view/busan/view.php?code=2023080111272760048

14. https://www.segye.com/newsView/20230801507247

15. https://www.news1.kr/articles/5122868

16. https://www.youtube.com/watch?v=TA1NSXAFpi8

17. https://www.simplypsychology.org/introjection-defense-mechanism.html

18. https://instituteofclinicalhypnosis.com/psychotherapy-coaching/psychodynamic-approach/defense-mechanism-of-introjection-healing-internalized-beliefs/

19. https://pmc.ncbi.nlm.nih.gov/articles/PMC9102375/

Chapter 4 절대권력자의 거부할 수 없는 명령

1. https://pmc.ncbi.nlm.nih.gov/articles/PMC5015766/

2. https://pmc.ncbi.nlm.nih.gov/articles/PMC3674737/

3. https://www.apa.org/news/press/releases/2025/01/parental-favoritism

4. https://gap.hks.harvard.edu/implicit-stereotypes-evidence-teachers-gender-bias

5. https://www.hks.harvard.edu/publications/thinking-about-parents-gender-and-field-study

6. https://www.gse.harvard.edu/ideas/usable-knowledge/18/11/preventing-gender-bias

7. https://www.tc.columbia.edu/articles/2011/march/understanding-how-prejudice-plays-out/

8. https://en.wikipedia.org/wiki/Nim_Tottenham

9, https://en.wikipedia.org/wiki/Jane_Waldfogel

10. https://pmc.ncbi.nlm.nih.gov/articles/PMC8956610/

11. https://www.frontiersin.org/articles/10.3389/fpsyg.2018.01821/full

12. https://pubmed.ncbi.nlm.nih.gov/12661882/

13. https://pmc.ncbi.nlm.nih.gov/articles/PMC4513937/

14. https://jamanetwork.com/journals/jamapsychiatry/fullarticle/491856

15. https://www.psychol.cam.ac.uk/people/ch288@cam.ac.uk

16. https://www.tandfonline.com/doi/abs/10.1207/s15326942dn2802_5

17. https://www.psychol.cam.ac.uk/people/ch288%40cam.ac.uk?utm_source=chatgpt.com

Chapter 5 이렇게 키우면 확실히 망합니다

1. https://pmc.ncbi.nlm.nih.gov/articles/PMC8394813/

2. https://pmc.ncbi.nlm.nih.gov/articles/PMC7781063/

3. https://pmc.ncbi.nlm.nih.gov/articles/PMC11368857/

4. https://pmc.ncbi.nlm.nih.gov/articles/PMC10516328/

5. https://pmc.ncbi.nlm.nih.gov/articles/PMC8311957/

6. https://pmc.ncbi.nlm.nih.gov/articles/PMC10174293/

Chapter 6 부모가 꾸민 입시 인생, 대학에서 무너진다

1. https://www.forbes.com/sites/scottwhite/2025/02/11/
   the-college-admissions-obsession-how-parental-pressure-is
   -fueling-a-youth-mental-health-crisis/

2. https://pmc.ncbi.nlm.nih.gov/articles/PMC11756657/

3. https://www.gse.harvard.eduideas/usable-knowledge/22/07/
   parents-are-you-putting-too-much-college-pressure-your-kid

4. https://www.joghr.org/article/84099-problems-with-complex-college-
   admissions-policies-and-overloaded-after-school-private-education-
   on-middle-and-high-school-students-mental-health-in

5. https://link.springer.com/article/10.1007/s10826-022-02476-x

6. https://www.aasa.org/resources/resource/
   dialing-down-pressure-college-admissions